探検データサイエンス

経済経営の
データサイエンス

石垣　司・植松良公・千木良弘朗
照井伸彦・松田安昌・李　銀星
［著］

共立出版

刊行にあたって

　データが世界を動かす「データ駆動型社会」は，既に到来しているといえるだろう．情報通信技術や計測技術の発展により，社会のあらゆる領域でデータが収集・蓄積され，そこから得られる分析結果が瞬時に実世界へフィードバックされて，社会的価値を生み出している．インターネットで買い物をすれば，次に興味をもちそうな商品リストが提示されるといったサービスはもはや日常のものとなっているが，これらは膨大な顧客の行動履歴に基づく行動予測の理論と実装が大きく進歩したことで実現した．

　このように，大規模なデータ（ビッグデータ）から最適解を見つけるというデータ駆動型の手法は，日々の生活や娯楽はもとより，医療，製造，交通，教育，経営戦略，政策決定，科学研究などに至るまで，急速に浸透している．身の回りのものが常時ネットワークに接続され，社会全体のデジタル化が加速し，様々なデータが集積される現代において，データサイエンスや人工知能(AI)，およびその基礎数理の素養は，情報の正しい利活用，社会課題の解決，ビジネスチャンスの拡大，新たなイノベーションの創出のために必須となることは明らかである．

　このような時代の要請に応えるべく，全国の大学ではデータサイエンス教育強化が進行している．本シリーズは，AI・数理・データサイエンス (AIMD)の基礎・応用・実践を，人文社会系・生命系・理工系を問わず現代を生きるすべての人々に提供することを目指して企画された．各分野で期待されるデータサイエンスのリテラシーとしての水準をカバーし，さらに少し先を展望する内容を含めることで，人文社会系や生命系の学部・大学院にも配慮された内容としている．データサイエンスは情報技術の発展を支える研究分野に違いないが，本来データサイエンスとは，データをめぐる様々な事象に対して，原因と結果を探し求め，その本質的な仕組みの解明を目的とするサイエンスであると

いう視点を本シリーズでは大事にする.

　データサイエンスはまだ若く，多様な領域にまたがった未踏の原野が遥かに広がっている．データサイエンスへの手掛かりをいろいろな切り口から提供する本シリーズをきっかけとして，読者の皆さんが未踏の領域に好奇心を抱き，まだ見ぬ原野に道を拓き，その探検者となることを期待している.

編集委員を代表して
尾畑伸明

まえがき

21 世紀はデータの世紀と言われている．我が国の科学技術基本計画では，Society5.0 という名のもとに第 4 次産業革命を展開することが謳われている．これはイギリスの蒸気機関の発明による第 1 次産業革命，アメリカのモーター・ベルトコンベヤー発明による第 2 次産業革命，日本を中心としたエレクトロニクスによる第 3 次産業革命に続く第 4 次産業革命と位置付けられている．そこでは IoT 技術の高度化と普及を背景として，通信ネットワークやセンサーなどのデータ収集機器を通じたビッグデータを活用し，従来の経験と勘による意志決定を脱して，データ分析による科学的な意思決定を目指す社会ということができ，データの分析がその中心に位置づけられる．

これらを背景として，データサイエンスや AI（人工知能）・数理教育を，文系理系を問わずに入学初年度から実施する取組みが多くの大学で行われている．統計教育も大きな分岐点を迎えている．経済経営分野の統計教育は歴史と伝統のある裾の広い分野であり，計量経済学を核とした経済経営データ分析の体系がある．機械学習や AI の進展はデータ分析の視点と範囲を広げ，経済経営分野でもこれらを積極的に取り入れることが必要な時代になっている．

このねらいのもと，本書は統計学を基礎としながら新しいデータ分析の手法を体得することを目的として書かれた．本書では主にビジネスデータで活用されてきた多変量解析と呼ばれる伝統的手法に加えて，ベイジアンネットワークや Lasso などの代表的な機械学習や初等レベルの AI 手法を用いて，経済経営データを分析しながら学ぶ．近年では学生が自身のノート PC やタブレットを教室に持ち込んで講義を受け，その場で実習を行う BYOD（bring your own device）環境を前提とする大学も少なくない．本書は，これへの対応も意識して，各章で説明される内容や例題を自身のデバイスで追体験できるようにした．

本書は，確率統計の基礎知識を前提とし，統計学入門を履修した大学 2 年

次以降の学部生，大学院生および経済経営のデータ分析に関心を寄せる実務家を対象にしている．本書の構成は，回帰分析の基礎から始まり，その後のトピックはほぼ独立に学ぶことができる．各章の例題で使われたデータと分析のRコードは，https://www.kyoritsu-pub.co.jp/bookdetail/9784320125193 からダウンロードして利用できる．Rはフリーにダウンロードできる統計分析ツールであり，すでに多くの解説書がある．大学によっては入学初年度からのデータサイエンス・AI教育で使い方を学べることも多い．各章の理解に際しては，自身でデータ分析を実践し，データから情報を抽出することがいかに容易で面白いかをぜひ体得してほしい．

著者一同

目 次

── 第1章 ──
線形式で予測する：
回帰モデル

　回帰分析は F. Galton（1822-1931）による実験に端を発する．Galton は遺伝の法則を調べるために，スィートピーの種の直径と，その種から発芽したスィートピーの種の直径を調査した．親子の種の直径の組み合わせを収集し，比較することで遺伝の法則を調べてみたところ，親の種の直径を y，子の種の直径を x とすると，y と x には直線に近い関係があり，その傾きが 1 を下回ることを発見し，これが遺伝の法則を表すと考えた．傾きが 1 未満であることは，平均より大きい（小さい）親の子は，親ほどは大きく（小さく）はならない傾向があることを意味する．親から子へ大きさが後退するようにみえることから，これを回帰の現象と呼び，回帰モデルの語源ともなった．

1.1 単回帰モデル

　データ科学では，2 変数 x, y の関連に関心をもち，分析することが多い．特に x が 1 変数であるときを**単回帰モデル**と呼び，多変数であるときを**重回帰モデル**と呼んでいる．単回帰モデルの定義からはじめよう．

1.1.1 単回帰モデルの定義

　Galton が親の種の直径と子の種の直径を調べたように，ある変数 y を別の変数 x を使って表現することはデータ科学の主要な目的である．y を x の線

形関数で表すモデルを単回帰モデルと呼ぶ.

$$y = \beta_0 + \beta_1 x + u \tag{1.1}$$

y を**従属変数**，x を**独立変数**と呼ぶことが一般的であるが，応用分野によって様々な名前がある. 被説明変数と説明変数という用語は経済学でよく使われ，応答変数とコントロール変数は自然科学でよく用いられる. 本書では，従属変数と独立変数として表記することにする. u は**誤差項**であり，x の線形関数で表されない誤差を表すものである. β_1 は**傾き**と呼ばれ，独立変数 x が 1 単位増加したときの y の増加量を表す. 回帰モデルでは，β_1 は単なる y の変化量ではなく，x 以外の他の条件を一定にしたときの変化量を意味している. 他の条件を一定にしたときの効果ということを強調して，β_1 を**偏回帰係数**，あるいは**部分効果**と呼ぶ. β_0 を**切片**，あるいは**定数項**と呼ぶ. β_0 は $x = 0$ のときの y の値であり，問題によっては意味のある解釈ができることもある.

単回帰モデルの例をいくつか挙げておこう. 大豆の生産量を従属変数 y，肥料の散布量を独立変数 x とすると，単回帰モデルは

$$生産量 = \beta_0 + \beta_1 肥料 + u \tag{1.2}$$

となる. 傾き β_1 が肥料を 1 単位増やしたときの大豆生産の増加量である. 誤差項 u は肥料以外のすべての要因をまとめたものであり，気温，湿度，日当たり，地味などを含む.

次に，y を給与，x を教育年数とすると，単回帰モデルは

$$給与 = \beta_0 + \beta_1 教育年数 + u \tag{1.3}$$

となる. β_1 は教育年数を 1 年増やしたときの給与の増加量を意味し，誤差項 u は，給与を決める教育年数以外のすべての要因を表す.

単回帰モデル (1.1) では，傾き β_1 は，他の要因を一定にして，x を 1 単位増加させたときの y の変化量（部分効果）を表す. 単回帰モデルでは x 以外の要因を独立変数として使わない. そのため他の要因を明示しない単回帰モデルにおいて，β_1 を部分効果として解釈するためには，誤差項 u に次の条件が必要になる.

　誤差項は偶然の変動によって発生するものであり，数学的には確率変数と呼ばれるものである．誤差項の期待値が 0 であることを仮定する．

$$E(u) = 0. \tag{1.4}$$

この条件により，定数項 β_0 がユニークに定まる．

　次に，誤差項 u と x は**独立**であることを仮定する．独立と似たものに**無相関**がある．u と x が無相関であるとは，u と x の共分散が 0 であること，つまり，

$$Cov(u, x) = Eu(x - Ex) = 0 \tag{1.5}$$

を満たす．独立は無相関よりも強い条件で，独立ならば無相関であるが，無相関であっても独立であるとは限らない．逆に言えば，相関があれば独立にはならない．u と x の独立性を直観的に説明すると，x の値に関わらず u の分布が一定であるということである．

　u と x の独立性がわかりにくいので，(1.2) 式と (1.3) 式で挙げた例で説明する．モデル (1.2) では，畑を複数の区画に分割し，肥料 x を地味や日当たりなどとは無関係にランダムに与え，区画ごとの収穫量 y を測定する場合を考える．誤差項 u には，地味や日当たり等の観測できない要因すべてを含む．肥料 x はそれらに関わらず全くランダムに与えているので，u と x は独立となる．ただし，x をランダムに選ばず，日当たりのよいところに多くの肥料を与えれば，u と x には相関関係が生じて独立性の条件は成立しない．

　モデル (1.3) において，独立性の条件を検証してみる．誤差項 u には，学歴（教育年数）x 以外の給与を決める要因すべてが含まれている．その中の「能力」は観測できないが，給与を決定する主要な要因である．よって誤差項 u は「能力」であると単純化して考える．「能力」は「学歴」と相関する．つまり，「能力」が高い人は「学歴」も高くなる傾向があり，正の相関があると考えられる．とすると u と x には相関があり，独立性の条件は成立しない．この問題を**内生性**と呼び，回帰分析では解決するべき重要な問題であるが，本書では内生性の問題を別の機会にゆずり，独立性の条件を仮定する．

　誤差項についての以上の 2 条件（期待値が 0 であること，x と独立であること）により，(1.1) 式の両辺に**条件付き期待値**をとれば，次の関係式を得る．

$$E(y|x) = \beta_0 + \beta_1 x.$$

ここで，u と x の独立性より，$E(u|x) = E(u) = 0$ を使った．なお，条件付き期待値とは x を所与としたときの期待値のことである．β_1 は x を 1 単位増加させたときの y の増加量と先に述べたが，正確には，y の増加量の期待値としなければならない．

1.1.2　最小二乗法

単回帰モデル (1.1) による分析では，y, x が観測され，誤差項 u は観測されないことを想定し，回帰係数 β_0, β_1 は真の値が未知であるパラメーターと考える．$\{(x_i, y_i) : i = 1, \ldots, n\}$ を標本数 n の観測値として，β_0, β_1 の推定を考えよう．図 1.1 は，息子の身長を従属変数とし，父親の身長を独立変数として，20 組の父子のデータ (x, y) をプロットした**散布図**である．このデータから，切片 β_0 と傾き β_1 を，**最小二乗法**を使って定める方法を説明する．

求める直線を

$$y = \beta_0 + \beta_1 x$$

とおく．データとこの直線の差の 2 乗和

$$Q(\beta_0, \beta_1) = \sum_{i=1}^{n} \left(y_i - \beta_0 - \beta_1 x_i\right)^2$$

を最小にするように β_0, β_1 を定める．最小二乗法という呼び方はここに由来する．β_0, β_1 について偏微分して 0 とおく．さらに，解釈しやすいように $1/n$ をかける．

$$\frac{1}{n} \sum_{i=1}^{n} \left(y_i - \hat{\beta}_0 - \hat{\beta}_1 x_i\right) = 0, \tag{1.6}$$

$$\frac{1}{n} \sum_{i=1}^{n} x_i \left(y_i - \hat{\beta}_0 - \hat{\beta}_1 x_i\right) = 0. \tag{1.7}$$

これは，誤差項 u が満たす仮定 (1.4) 式と (1.5) 式を標本で置き換えたものと

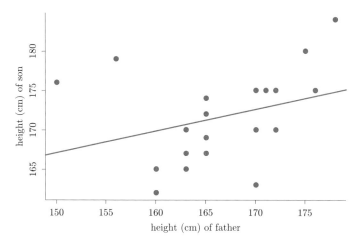

図 1.1　20 組の父子の身長の散布図と最小二乗法で推定した回帰直線

解釈することができる．偏微分が未習の読者は，単回帰モデルの誤差項の仮定である (1.4) 式，(1.5) 式に対応するものとして (1.6) 式，(1.7) 式を理解してもよい．

(1.6) 式を整理すると，

$$\bar{y} = \hat{\beta}_0 + \hat{\beta}_1 \bar{x}$$

を得る．ここで，$\bar{y} = n^{-1} \sum_{i=1}^n y_i$ で，$\bar{x}$ も同様の標本平均である．したがって，

$$\hat{\beta}_0 = \bar{y} - \hat{\beta}_1 \bar{x} \tag{1.8}$$

を得る．これを (1.7) 式に代入すると，

$$\sum_{i=1}^n x_i \left[y_i - (\bar{y} - \hat{\beta}_1 \bar{x}) - \hat{\beta}_1 x_i \right] = 0.$$

つまり，

$$\sum_{i=1}^n x_i (y_i - \bar{y}) = \hat{\beta}_1 \sum_{i=1}^n x_i (x_i - \bar{x})$$

を得る．ここで，

$$\sum_{i=1}^{n} x_i(x_i - \bar{x}) = \sum_{i=1}^{n}(x_i - \bar{x})^2,$$

$$\sum_{i=1}^{n} x_i(y_i - \bar{y}) = \sum_{i=1}^{n}(x_i - \bar{x})(y_i - \bar{y})$$

に注意して，

$$\sum_{i=1}^{n}(x_i - \bar{x})^2 > 0$$

であるならば，傾きの推定値は

$$\hat{\beta}_1 = \frac{\displaystyle\sum_{i=1}^{n}(x_i - \bar{x})(y_i - \bar{y})}{\displaystyle\sum_{i=1}^{n}(x_i - \bar{x})^2} \tag{1.9}$$

で与えられる．傾き $\hat{\beta}_1$ を先に (1.9) 式で推定し，次にそれを (1.8) 式に代入して切片を推定する．また，(1.9) 式より傾きは x と y の標本共分散を x の標本分散で割ったものである．図 1.1 の直線は，最小二乗法で推定した $\hat{\beta}_0$，$\hat{\beta}_1$ による直線

$$y = \hat{\beta}_0 + \hat{\beta}_1 x \tag{1.10}$$

を表している．この直線を**回帰直線**，あるいは推定量であることを強調して，**標本回帰直線**と呼ぶ．

1.2　重回帰モデル

1.2.1　重回帰モデルの定義

　単回帰モデル (1.1) では，1つの独立変数の線形結合で従属変数 y を説明し，その他の要因をすべて誤差項 u で表した．独立変数が複数個ある回帰モデルを重回帰モデルと呼ぶ．独立変数が k 個あるとき，重回帰モデルは

$$y = \beta_0 + \beta_1 x_1 + \beta_2 x_2 + \cdots + \beta_k x_k + u \tag{1.11}$$

と表す．ここで，β_0 を切片あるいは定数項，β_j を x_j の**偏回帰係数**と呼ぶ．β_j は x_j を除く他の独立変数を固定し x_j を 1 単位増やしたときの y の変化量を表す．偏回帰係数の「偏」は，「他の独立変数を固定したとき」の意味を強調するものである．

単回帰モデルと同様に，誤差項 u は独立変数 x と独立であることを仮定する．誤差項 u の分布は，$x_1, \ldots x_k$ の値によらないことを意味しており，無相関よりも強い条件である．独立ならば無相関だが，無相関でも独立とは限らない．相関があれば独立ではない．したがって，独立変数の中に 1 つでも誤差項 u と相関するものがあれば，u と独立変数の独立性の仮定は成立しない．独立性の仮定が成立しなければ，次に述べる最小二乗推定に偏りが生じる．

1.2.2 最小二乗法

重回帰モデル (1.10) において，$\{(x_{i1}, x_{i2}, y_i), i = 1, \ldots, n\}$ を観測したとき，未知の偏回帰係数 $\beta_0, \beta_1, \ldots, \beta_k$ を最小二乗法で推定する．表記を簡単にするため，$k = 2$ で説明する．**最小二乗推定量** $\hat{\beta}_0$，$\hat{\beta}_1$，$\hat{\beta}_2$ は，

$$Q(\beta_0, \beta_1, \beta_2) = \sum_{i=1}^{n} (y_i - \beta_0 - \beta_1 x_{i1} - \beta_2 x_{i2})^2$$

を最小にするものである．β_0，β_1，β_2 で偏微分して 0 とおくと，

$$\sum_{i=1}^{n} (y_i - \hat{\beta}_0 - \hat{\beta}_1 x_{i1} - \hat{\beta}_2 x_{i2}) = 0, \tag{1.12}$$

$$\sum_{i=1}^{n} x_{i1}(y_i - \hat{\beta}_0 - \hat{\beta}_1 x_{i1} - \hat{\beta}_2 x_{i2}) = 0, \tag{1.13}$$

$$\sum_{i=1}^{n} x_{i2}(y_i - \hat{\beta}_0 - \hat{\beta}_1 x_{i1} - \hat{\beta}_2 x_{i2}) = 0. \tag{1.14}$$

(1.12) 式より，

$$\hat{\beta}_0 = \bar{y} - \hat{\beta}_1 \bar{x}_1 - \hat{\beta}_2 \bar{x}_2 \tag{1.15}$$

を (1.13) 式，(1.14) 式に代入すると，

$$\sum_{i=1}^{n}\left\{(y_i - \bar{y}) - \hat{\beta}_1(x_{i1} - \bar{x}_1) - \hat{\beta}_2(x_{i2} - \bar{x}_2)\right\} x_{i1} = 0, \qquad (1.16)$$

$$\sum_{i=1}^{n}\left\{(y_i - \bar{y}) - \hat{\beta}_1(x_{i1} - \bar{x}_1) - \hat{\beta}_2(x_{i2} - \bar{x}_2)\right\} x_{i2} = 0 \qquad (1.17)$$

が得られる．

$$\sum_{i=1}^{n}(y_i - \bar{y})x_{i1} = \sum_{i=1}^{n}(y_i - \bar{y})(x_{i1} - \bar{x}_1)$$

の関係を使って，

$$S_{xx} = \begin{pmatrix} \displaystyle\sum_{i=1}^{n}(x_{i1} - \bar{x}_1)^2 & \displaystyle\sum_{i=1}^{n}(x_{i1} - \bar{x}_1)(x_{i2} - \bar{x}_2) \\ \displaystyle\sum_{i=1}^{n}(x_{i1} - \bar{x}_1)(x_{i2} - \bar{x}_2) & \displaystyle\sum_{i=1}^{n}(x_{i2} - \bar{x}_2)^2 \end{pmatrix},$$

$$S_{xy} = \begin{pmatrix} \displaystyle\sum_{i=1}^{n}(x_{i1} - \bar{x}_1)(y_i - \bar{y}) \\ \displaystyle\sum_{i=1}^{n}(x_{i2} - \bar{x}_2)(y_i - \bar{y}) \end{pmatrix}$$

とおけば，(1.16) 式，(1.17) 式を行列で表すことにより，

$$S_{xx}\begin{pmatrix} \hat{\beta}_1 \\ \hat{\beta}_2 \end{pmatrix} = S_{xy}$$

と書ける．したがって，最小二乗推定量は，S_{xx} を左からかけることにより，

$$\begin{pmatrix} \hat{\beta}_1 \\ \hat{\beta}_2 \end{pmatrix} = S_{xx}^{-1}S_{xy} \qquad (1.18)$$

となる．(1.18) 式より $\hat{\beta}_1$，$\hat{\beta}_2$ を先に推定し，(1.15) 式より切片 $\hat{\beta}_0$ を推定する．単回帰モデルの最小二乗推定量 (1.8)，(1.9) 式が重回帰モデルの (1.15) 式，(1.18) 式に自然に拡張されていることを確認してほしい．

　最小二乗推定量を使って表した直線

$$\hat{y} = \hat{\beta}_0 + \hat{\beta}_1 x_1 + \cdots + \hat{\beta}_k x_k \tag{1.19}$$

を**標本回帰直線**，あるいは**最小二乗回帰直線**と呼ぶ.

1.2.3 重回帰モデルの解釈

重回帰モデル (1.11) に対して，最小二乗法で推定した標本回帰直線 (1.19) がもつ意味を解説する.

切片 $\hat{\beta}_0$ は，$x_1 = x_2 = \cdots = x_k = 0$ とおいたときの予測値を表す. 独立変数をすべて 0 と設定することに現実的な意味がないときもある. 標本回帰直線を使って従属変数を予測するときには，必ず切片を含める必要がある.

最小二乗推定量 $\hat{\beta}_1, \ldots, \hat{\beta}_k$ は，「部分効果」と呼ばれる. (1.19) 式において，$x_1, \ldots, x_k$ を $x_1 + \Delta x_1, \ldots, x_k + \Delta x_k$ にしたとき，$\hat{y}$ が $\hat{y} + \Delta \hat{y}$ に変化したとする. そのとき，(1.19) 式を引き算して，

$$\Delta \hat{y} = \hat{\beta}_1 \Delta x_1 + \cdots + \hat{\beta}_k \Delta x_k$$

を得る. 切片が引き算で消えていることに注意してほしい. $x_2, \ldots, x_k$ を固定したとき，$\Delta x_2 = \cdots = \Delta x_k = 0$ であるから，

$$\Delta \hat{y} = \hat{\beta}_1 \Delta x_1$$

となる. つまり，$\hat{\beta}_1$ は，$x_2, \ldots, x_k$ を固定して x_1 を 1 単位増やしたときの y の変化量を表し，x_1 の部分効果と呼ぶ. x_1 以外の独立変数を固定したときの効果という意味で「部分」という言葉が含まれている.

例 1.1　新宿区と中野区の賃貸物件 300 件の月額賃料データを使って重回帰モデルをあてはめてみる. 従属変数を月額賃料（千円），独立変数に広さ（平米），築年数（年），駅距離（分），総階数をとる. 最小二乗法で推定した回帰直線は以下のようになる.

$$\widehat{\text{家賃}} = 46.8 + 2.51\,\text{広さ} - 0.945\,\text{築年数} - 0.834\,\text{駅距離} + 1.92\,\text{総階数},$$
$$n = 300. \tag{1.20}$$

ここで，独立変数に採用した，広さ，築年数，駅距離，総階数の部分効果を解説する．広さの偏回帰係数の2.51は，築年数，駅距離，総階数を固定して，広さを1平米増やすと賃料は2510円だけ高くなる，という意味である．別の言い方をすると，同じ築年数，駅距離，総階数で広さが1平米の差がある賃貸物件を比較すると，広いほうの賃料が2510円だけ高くなるという意味である．

　同様に，築年数の−0.945は，広さ，駅距離，総階数を固定して，1年だけ築年数を増やすと賃料は945円安くなるという意味であり，同じ広さ，駅距離，総階数で築年数が1年違う物件を比較すると，古いほうの賃料が945円だけ安いという意味である．駅距離の−0.834は，他の条件を固定して1分間だけ最寄り駅からの距離が遠くなると，834円賃料が下がるということであり，総階数の1.92は，他の条件を固定して総階数が1階高くなると，賃料は1920円高くなるという意味である．

　Rで本例を実行してみよう．まず，月額賃料データtokyo.csvをダウンロードして，適当なフォルダに保存する．図1.2にtokyo.csvの内容を示す．price_1000が千円を1単位とした月額賃料，sqr_meterが平米単位で計った物件の広さ（m^2），ageが築年数（年），stationが駅からの徒歩距離（分），total_floorが総階数，dummy_1fが後述する1階ダミーである．次にRを立ち上げ，tokyo.csvをread.csv関数を使って読み込み，変数tokyo_chintaiと名付ける．

```
> tokyo_chintai = read.csv("tokyo.csv", header=1)
```

これで賃料のcsvファイルはtokyo_chintaiというデータフレームに保存された．ここで，header=1はread.csvのオプションで，ファイルの一行目がデータではなく変数名であることを指定している．また，Rのワーキングディレクトリがデータを保存したフォルダになっていないとfile not foundとなってデータを読み込むことができない．R画面左上の「ファイル」タブから「ディレクトリの変更」を選び，データを保存したフォルダを指定すれば，ワーキングディレクトリを変更することができる．次に1m関数で最小二乗推定を実行する．

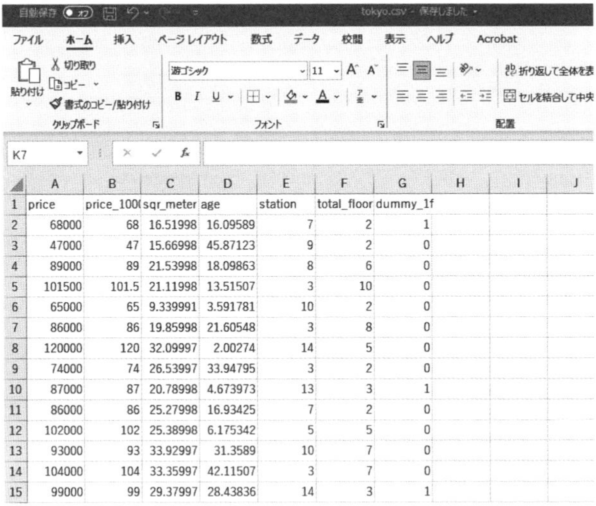

	A	B	C	D	E	F	G	H	I	J
1	price	price_100(	sqr_meter	age	station	total_floor	dummy_1f			
2	68000	68	16.51998	16.09589	7	2	1			
3	47000	47	15.66998	45.87123	9	2	0			
4	89000	89	21.53998	18.09863	8	6	0			
5	101500	101.5	21.11998	13.51507	3	10	0			
6	65000	65	9.339991	3.591781	10	2	0			
7	86000	86	19.85998	21.60548	3	8	0			
8	120000	120	32.09997	2.00274	14	5	0			
9	74000	74	26.53997	33.94795	3	2	0			
10	87000	87	20.78998	4.673973	13	3	1			
11	86000	86	25.27998	16.93425	7	2	0			
12	102000	102	25.38998	6.175342	5	5	0			
13	93000	93	33.92997	31.3589	10	7	0			
14	104000	104	33.35997	42.11507	3	7	0			
15	99000	99	29.37997	28.43836	14	3	1			

図 1.2 月額賃料データ：tokyo.csv

```
> result = lm(price_1000~sqr_meter+age+station+total_floor,data=
    tokyo_chintai)
```

lm 関数の第一引数に従属変数を，~（チルダ）をはさんで以下に独立変数を指定し，最後に分析対象のデータフレーム tokyo_chintai を指定する．lm の結果を result に出力している．推定結果を表示するには，summary 関数を使う．

```
> summary(result)

Call:
lm(formula = price_1000 ~ sqr_meter + age + station + total_floor,
    data = tokyo_chintai)

Residuals:
    Min      1Q  Median      3Q     Max
-49.068  -7.333  -1.008   6.514  74.989

Coefficients:
            Estimate Std. Error t value  Pr(>|t|)
(Intercept) 46.83588    2.70652  17.305  < 2e-16 ***
sqr_meter    2.51423    0.06081  41.348  < 2e-16 ***
age         -0.94529    0.05430 -17.408  < 2e-16 ***
```

```
station    -0.83439   0.22837  -3.654 0.000306 ***
total_floor 1.91964   0.21607   8.884 < 2e-16 ***
---
Signif. codes:  0 '***' 0.001 '**' 0.01 '*' 0.05 '.' 0.1 ' ' 1

Residual standard error: 13.31 on 295 degrees of freedom
Multiple R-squared:  0.9057,    Adjusted R-squared:  0.9044
F-statistic: 708.5 on 4 and 295 DF,  p-value: < 2.2e-16
```

ここで出力値がいくつか示されるが，最小二乗推定値は Coefficients 以下に表示されている．

1.2.4　ダミー変数

　前節の例では，家賃を4つの独立変数（部屋の広さ，築年数，駅距離，総階数）を使って重回帰モデルをあてはめた．ここで用いた独立変数はいずれも数値で表される定量データである．数値で表されない変数を定性データと呼ぶ．例えば，賃貸物件が1階にあることは，その物件の質を表しており，広さや築年数のように数値で表すことができないので，定性データである．

　定性データを独立変数にして，重回帰モデルに応用することを可能にするものが，**ダミー変数**である．物件が1階にあるか2階以上にあるかは賃貸市場では重要な要因である．賃貸物件に対し，ダミー変数を

$$d_{1F} = \begin{cases} 1, & \text{物件が1階にあるとき} \\ 0, & \text{物件が2階以上の上層階にあるとき} \end{cases}$$

によって定義する．

　賃貸物件の1階ダミー変数を独立変数に加えて重回帰モデルを最小二乗法で推定した結果が，

$$\widehat{\text{家賃}} = 49.8 + 2.52\,\text{広さ} - 0.963\,\text{築年数} - 0.833\,\text{駅距離} + 1.70\,\text{総階数}$$

$$- 5.58 d_{1F}, \tag{1.21}$$

$$n = 300$$

である．1階ダミー変数の偏回帰係数は -5.58 と推定されている．広さ，築年数，駅距離，総階数を固定したとき，1階にある賃貸物件は2階以上にある

物件に比べて家賃が平均的に 5,580 円安くなることを意味している．別の言葉
で説明すると，同じ賃貸マンション内では，1 階物件は 2 階以上の物件に比べ
て家賃は平均的に 5,580 円安くなることを示す．

　R で 1 階ダミー変数を入れた重回帰モデル (1.21) を計算してみよう．デー
タファイル tokyo.csv には図 1.2 でみたように 1 階ダミーが dummy_1f という
名称ですでに含まれている．例 1.1 で用いた lm 関数の独立変数に 1 階ダミー
dummy_1f を加えるだけでよい．

```
> tokyo_chintai=read.csv("tokyo.csv",header=1)
> result2 = lm(price_1000~sqr_meter+age+station+total_floor+dummy_1f,
    data=tokyo_chintai)
> summary(result2)

Call:
lm(formula = price_1000 ~ sqr_meter + age + station + total_floor +
    dummy_1f, data = tokyo_chintai)

Residuals:
    Min     1Q  Median     3Q     Max
-50.955  -6.933  -0.943   5.819  73.115

Coefficients:
            Estimate Std. Error t value  Pr(>|t|)
(Intercept) 49.76285    2.82472  17.617  < 2e-16 ***
sqr_meter    2.51638    0.05992  41.999  < 2e-16 ***
age         -0.96305    0.05380 -17.900  < 2e-16 ***
station     -0.83289    0.22501  -3.702 0.000256 ***
total_floor  1.70469    0.22362   7.623 3.44e-13 ***
dummy_1f    -5.57713    1.77490  -3.142 0.001848 **
---
Signif. codes:  0 '***' 0.001 '**' 0.01 '*' 0.05 '.' 0.1 ' ' 1

Residual standard error: 13.11 on 294 degrees of freedom
Multiple R-squared: 0.9088,    Adjusted R-squared: 0.9072
F-statistic: 585.8 on 5 and 294 DF,  p-value: < 2.2e-16
```

　ダミー変数を独立変数に加えて重回帰モデルをあてはめるとき，ダミー変数
の偏回帰係数を，切片の差として説明することもできる．賃貸物件の例 (1.21)
式では，2 階以上にある物件の切片は 49.8 であり，1 階物件の切片は 49.8 −
5.58 = 44.22 である．つまり，1 階物件と 2 階物件では，独立変数（広さ，築
年数，駅距離，総階数）の部分効果は同じだが，切片を変えているモデルと考
えることができる．

切片だけでなく，部分効果も 1 階か 2 階以上かで変化させるモデルをつくることもできる．例えば，築年数の部分効果を 1 階か 2 階以上かで変化させるためには，ダミー変数と築年数の積で新たな変数

$$d_{1\mathrm{F}} \times 築年数$$

をつくり，独立変数に追加すればよい．重回帰モデル

$$\widehat{家賃} = \beta_0 + \beta_1 広さ + \beta_2 築年数 + \beta_3 駅距離 + \beta_4 総階数 + \beta_5 d_{1\mathrm{F}}$$
$$+ \beta_6 d_{1\mathrm{F}} \cdot 築年数 + u$$

では，1 階物件と 2 階以上の物件において，切片と築年数に差をつけている．

最小二乗法で推定すると

$$\widehat{家賃} = 50.9 + 2.51 広さ - 1.01 築年数 - 0.827 駅距離 + 1.68 総階数$$
$$- 9.21 d_{1\mathrm{F}} + 0.171 d_{1\mathrm{F}} \cdot 築年数, \tag{1.22}$$
$$n = 300$$

を得る．2 階以上物件の築年数の部分効果は -1.01 で，1 階物件では $-1.01 + 0.171 = -0.839$ である．つまり 1 階物件では，他の条件を同じにして 1 年古くなると 839 円安くなり，2 階物件の 1,010 円に比べて部分効果が 171 円低くなることがわかる．1 階物件では築年数による家賃の減衰カーブが 2 階以上の物件に比べていくらかなだらかになっている．ただし，1 階ダミー変数の偏回帰係数が -9.21 と (1.21) 式の -5.58 よりも負の方向に大きく推定されていることに注意を要する．つまり，1 階物件の築年数の部分効果がなだらかに推定されるぶん，同じ築年数，広さ，駅距離，総階数の条件下では 2 階以上の物件に比べて安く評価されている．

R を使って重回帰モデル (1.22) を計算してみよう．本例の独立変数 $d_{1\mathrm{F}} \cdot$ 築年数 は tokyo.csv に含まれていないので，新たにつくる必要がある．

```
> tokyo_chintai=read.csv("tokyo.csv",header=1)
> a=tokyo_chintai["dummy_1f"]*tokyo_chintai["age"]
> tokyo_chintai2=data.frame(tokyo_chintai, a)
> colnames(tokyo_chintai2) = c("price", "price_1000", "sqr_meter", "age",
    "station", "total_floor", "dummy_1f","d1.age")
```

2行目でダミーと築年数の積の変数を計算し，a として保存している．次に a をもとのデータフレーム tokyo_chintai の最後の列に追加し，4行目で変数名を改めてつけ直している．同様に lm 関数を使って最小二乗推定を行えばよい．

```
> result3=lm(price_1000~sqr_meter+age+station+total_floor+dummy_1f+d1.age,
    data=tokyo_chintai2)
> summary(result3)

Call:
lm(formula = price_1000 ~ sqr_meter + age + station + total_floor +
    dummy_1f + d1.age, data = tokyo_chintai2)

Residuals:
    Min      1Q  Median      3Q     Max
-50.000  -7.121  -0.853   6.098  72.503

Coefficients:
             Estimate Std. Error t value Pr(>|t|)
(Intercept) 50.85289    2.92926  17.360  < 2e-16 ***
sqr_meter    2.51420    0.05984  42.012  < 2e-16 ***
age         -1.00501    0.06175 -16.275  < 2e-16 ***
station     -0.82678    0.22471  -3.679 0.000278 ***
total_floor  1.67759    0.22414   7.485 8.45e-13 ***
dummy_1f    -9.21319    3.17869  -2.898 0.004034 **
d1.age       0.17098    0.12409   1.378 0.169283
---
Signif. codes:  0 '***' 0.001 '**' 0.01 '*' 0.05 '.' 0.1 ' ' 1

Residual standard error: 13.09 on 293 degrees of freedom
Multiple R-squared:  0.9094,    Adjusted R-squared:  0.9075
F-statistic:   490 on 6 and 293 DF,  p-value: < 2.2e-16
```

1.2.5 予測値と残差

重回帰モデル (1.11) に対して，最小二乗推定量 $\hat{\beta}_0, \hat{\beta}_1, \ldots, \hat{\beta}_k$ と独立変数 x の i 番目の観測値 x_i の線形結合

$$\hat{y}_i = \hat{\beta}_0 + \hat{\beta}_1 x_{i1} + \hat{\beta}_2 x_{i2} + \cdots + \hat{\beta}_k x_{ik}, \; i = 1, \ldots, n \qquad (1.23)$$

を**予測値**という．予測値 $\hat{y}_i$ は，最小二乗法で推定した回帰係数を使って評価しており，観測値 y_i と一致することはない．予測値と観測値 y_i の差

$$\hat{u}_i = y_i - \hat{y}_i \tag{1.24}$$

を**最小二乗残差**，あるいは単に**残差**という．残差は次の性質をもつ．

(1) 残差の標本平均は 0，

$$\frac{1}{n} \sum_{i=1}^{n} \hat{u}_i = 0.$$

したがって，(1.24) 式より，$\bar{y} = \bar{\hat{y}}$．

(2) 残差と独立変数の標本共分散は 0，

$$\frac{1}{n} \sum_{i=1}^{n} x_{ij} \hat{u}_i = 0, \; j = 1, \ldots, k.$$

したがって，予測値 (1.23) は独立変数の線形結合であるから，残差と予測値の標本共分散も 0．

$$\frac{1}{n} \sum_{i=1}^{n} \hat{y}_i \hat{u}_i = 0. \tag{1.25}$$

(3) 独立変数と従属変数の標本平均 $(\bar{x}_1, \bar{x}_2, \ldots, \bar{x}_k, \bar{y})$ は標本回帰直線上にある．つまり

$$\bar{y} = \hat{\beta}_0 + \hat{\beta}_1 \bar{x}_1 + \hat{\beta}_2 \bar{x}_2 + \cdots + \hat{\beta}_k \bar{x}_k$$

を満たす．

　残差は最小二乗推定量 $\hat{\beta}_0, \hat{\beta}_1, \ldots, \hat{\beta}_k$ を使って評価している．したがって，性質 (1) は (1.12) 式より，性質 (2) は (1.13) 式，(1.14) 式より直ちに導かれる．また，性質 (3) は (1.15) 式で示したものと同じである．

1.2.6 決定係数

重回帰モデルによる分析において，あてはまりの良さを評価するために，決定係数を用いることが多い．前節で考えた予測値，残差を使って次を定義する．

$$全変動 = \sum_{i=1}^{n}(y_i - \bar{y})^2,$$

$$回帰変動 = \sum_{i=1}^{n}(\hat{y}_i - \bar{y})^2,$$

$$残差変動 = \sum_{i=1}^{n}\hat{u}_i^2.$$

このとき，

$$全変動 = 回帰変動 + 残差変動 \tag{1.26}$$

が成立する．なぜならば，

$$全変動 = \sum_{i=1}^{n}(y_i - \hat{y}_i + \hat{y}_i - \bar{y})^2 = \sum_{i=1}^{n}\hat{u}_i^2 + \sum_{i=1}^{n}(\hat{y}_i - \bar{y})^2 + 2\sum_{i=1}^{n}\hat{u}_i(\hat{y}_i - \bar{y})$$

となり，残差の性質 (1.25) より最後のクロスタームが 0 になるためである．

関係式 (1.26) の両辺を**全変動**で割ると，

$$回帰変動/全変動 + 残差変動/全変動 = 1$$

を得る．**決定係数**を

$$R^2 = 回帰変動/全変動 = 1 - 残差変動/全変動 \tag{1.27}$$

と定義する．これは，全変動に占める**回帰変動**の割合を示し，従属変数の標本変動が最小二乗回帰直線によって説明される割合とみなされる．定義より，R^2 は 0 と 1 の間の値となり，1 に近いほど，標本回帰直線の説明力が高いことを意味する．

決定係数 R^2 は実際の観測値 y_i と予測値 $\hat{y}_i$ の相関係数の二乗に等しくなることを示すことができる．

$$R^2 = Corr^2(y, \hat{y}) = \frac{\left(\displaystyle\sum_{i=1}^{n}(y_i - \bar{y})(\hat{y}_i - \bar{\hat{y}})\right)^2}{\left(\displaystyle\sum_{i=1}^{n}(y_i - \bar{y})^2\right)\left(\displaystyle\sum_{i=1}^{n}(\hat{y}_i - \bar{\hat{y}})^2\right)}.$$

決定係数を R^2 という記号で表す理由は，決定係数が y と $\hat{y}$ の相関係数の二乗に等しいことに由来する．

重回帰モデル (1.11) に独立変数 x_{k+1} を増やすとき，どのような x_{k+1} をえらんでも決定係数が減少することはおこり得ない．**残差変動**の定義より，独立変数を増やせば残差変動は必ず減少する．その結果，(1.26) より回帰変動は増加して決定係数が増加してしまう．なぜなら最小二乗法は残差二乗和が最小になるように偏回帰係数を推定するからである．表 1.1 に，前節の例で示した賃料データの重回帰モデル (1.20)，(1.21)，(1.22) の決定係数 R^2 を示す．独立変数をモデル (1.20) から (1.21) へ，さらにモデル (1.22) に増やすと，決定係数も増えていることがわかる．

決定係数は，重回帰モデルのあてはまりの良さを表す指標として有用であるが，変数選択には使えない．独立変数を加えると，独立変数の選択に関わらず決定係数は増加してしまうからである．そこで決定係数 (1.27) を修正して

$$\bar{R}^2 = 1 - \frac{\text{残差変動}/(n-k-1)}{\text{全変動}/(n-1)} \tag{1.28}$$

とするものが，**自由度調整済み決定係数**である．残差変動を $n-k-1$ で，全変動を $n-1$ で割ることで，決定係数の単調増加性を修正している．

表 1.1 には，重回帰モデル (1.20)，(1.21)，(1.22) の自由度調整済み決定係数も示した．モデル (1.20) から (1.21) に 1 階ダミーを増やすことで，決定係数だけではなく自由度調整済み決定係数も増加している．1 階ダミーを加えることは自由度調整済み決定係数を増加させる意味で合理的であることを示唆している．一方，モデル (1.21) から (1.22) に 1 階ダミーと築年数の積を新たに追加したが，自由度調整済みは増加していない．つまり，築年数の部分効果を 1 階と 2 階以上で変化させることには，慎重な検討が必要であることを示して

表 1.1 賃貸物件の賃料の重回帰モデル (1.20), (1.21), (1.22) における
決定係数, 自由度調整済み決定係数の比較

モデル	R^2	調整 R^2
(1.20)	0.906	0.904
(1.21)	0.908	0.907
(1.22)	0.909	0.907

いる. 次節では重回帰モデルの検定による推測法を扱い, モデル選択の別の基準を示す.

自由度調整済み決定係数 (1.28) において, 調整に使用した $n-k-1$ を残差変動の自由度, $n-1$ を全変動の自由度と呼んでいる. 残差変動は n 個からなる残差の二乗和であるが, 残差には (1.24) 式以下の性質 (1) と (2) の $k+1$ 個の制約がある. 残差は n 個あってもこの制約から実際には $n-k-1$ 個とみなすことができ, この実質的な数を**自由度**という. 全変動は従属変数と標本平均の差の二乗和であり, 従属変数と標本平均の差も総和が 0 になるという制約から自由度は $n-1$ となる. 回帰変動にも自由度が定義される. $\hat{y}_i$ は $k+1$ 個の偏回帰係数 $\hat{\beta}_0, \hat{\beta}_1, \ldots, \hat{\beta}_k$ で構成されるが, $\hat{y}_i - \bar{y}$ は平均を引くことで総和が 0 になる制約をもつ. したがって, 回帰変動の自由度は $k+1-1=k$ となる.

表 1.2 は, 重回帰モデル (1.21) における回帰変動, 残差変動, 全変動とその自由度をまとめたものである. 残差変動をその自由度 $n-k-1$ で割ったものは, 重回帰モデル (1.11) における誤差項 u の分散の推定量として用いられる. 誤差項の分散 σ^2 は次の 1.3.1 項の条件 2 において改めて解説する.

$$\hat{\sigma}^2 = \frac{1}{n-k-1} \sum_{i=1}^{n} (y_i - \hat{u}_i)^2. \tag{1.29}$$

例えば, 重回帰モデル (1.21) において, 表 1.2 より誤差分散は

$$\hat{\sigma}^2 = \frac{52263}{300-4-1} = 177.2$$

と推定される.

表 1.2　賃貸物件の賃料の重回帰モデル (1.21) における,
回帰変動, 残差変動, 全変動とその自由度

	回帰変動	残差変動	全変動
自由度	5	294	299
変動	503,773	50,564	554,337

Rで重回帰モデル (1.21) の決定係数, 自由度調整済み決定係数を計算する
には, lm関数の結果を summary で出力するだけでよい. (1.21) 式の後に,
summary の出力が示されているが, 最後のほうに Multiple R-squared
とあるのが決定係数, adjusted R-squared とあるのが自由度調整済み決
定係数で, それぞれ, 0.9088, 0.9072 である. その上の Residual stand-
ard error は, 誤差分散の推定値 (1.29) の平方根を示し, 誤差標準偏差の
推定値である. 重回帰モデル (1.21) の残差平方和を計算するには, 先に出力
した lm関数の出力 result2 を用いる.

```
> tokyo_chintai=read.csv("tokyo.csv",header=1)
> result2 = lm(price_1000~sqr_meter+age+station+total_floor+dummy_1f,
    data=tokyo_chintai)
> uhat = result2$residual
> yhat = result2$fitted.values
> RSS =  sum(uhat^2)
> ESS =  sum((yhat-mean(yhat))^2)
> RSS
[1] 50564.86
> ESS
[1] 503773
```

lm関数の出力 result2 より, result2$residual として残差を取り出
し, uhat に保存している. 同様に予測値は result2$fitted.values で
取り出し, yhat に保存している. 回帰変動を評価するには, yhat から平均
値を引いてから二乗和を計算することに注意が必要である.

1.3 最小二乗推定量の性質

前節では，単/重回帰モデルの最小二乗推定量を導いた．最小二乗法は推定法の1つであり，最小二乗推定量以外にも推定法を考えることができる．本項では，最小二乗推定量が，適当な条件下で不偏性という良い性質を持ち，さらに，適当な基準のもとで最良の推定量であることを示す **Gauss-Markov の定理**を解説する．

1.3.1 最小二乗推定量の期待値

重回帰モデル

$$y = \beta_0 + \beta_1 x_1 + \cdots + \beta_k x_k + u \qquad (1.30)$$

において，$\beta_0, \beta_1, \ldots, \beta_k$ を未知のパラメーター，u を未観測の誤差項とする．重回帰モデル (1.30) を真のモデルとし，n 個の無作為標本

$$\{(x_{i1}, x_{i2}, \ldots, x_{ik}, y_i) : i = 1, 2, \ldots, n\}$$

を観測する．前節 (1.18) 式で導いた最小二乗推定量 $\hat{\beta}_0, \hat{\beta}_1, \ldots, \hat{\beta}_k$ は未知のパラメーター $\beta_0, \beta_1, \ldots, \beta_k$ の推定量である．

最小二乗推定量 $\hat{\beta}_0, \hat{\beta}_1, \ldots, \hat{\beta}_k$ は，無作為標本を使って構成するものであるから，無作為標本によって分布する確率変数となる．本節では，最小二乗推定量の期待値を計算するために必要な条件を述べてから，期待値を実際に計算する．

条件 1 独立変数 $x_1, \ldots, x_k$ には**多重共線性**がない．

多重共線性があるとは

$$c_0 + c_1 x_1 + c_2 x_2 + \cdots + c_k x_k = 0$$

となるような定数 $c_0, c_1, \ldots, c_k$ が存在することをいう．独立変数に多重共線性がないとは，このような $c_0, c_1, \ldots, c_k$ が存在しないことを意味している．多重共線性を知るために，多重共線性が発生する例を紹介する．多重共線性は独立変数に同じものがあるとき発生する．重回帰モデル

$$y = \beta_0 + \beta_1 x_1 + \beta_2 x_2 + \beta_3 x_2 + u$$

では，x_2 が2回現れているので，$c_0 = c_1 = 0$，$c_2 = 1$，$c_3 = -1$ とすれば，多重共線性があることを確かめることができる．x_1，x_2 を多重共線性がない独立変数とする．x_2 をセンチメートル単位で記録した身長としたとき，メートル単位で記録した身長を x_3 として独立変数に追加すると，多重共線性が発生する．また，x_1 を国語のテストの点数，x_2 を数学のテストの点数としたとき，国語と数学の得点の合計を x_3 として独立変数に追加すると，多重共線性が発生する．

次の条件は誤差項と独立変数の独立性である．

条件 2　誤差項 u は平均 0，分散 σ^2 をもつ確率変数で，独立変数 x とは互いに独立である．

　誤差項 u と独立変数 x の独立性は，重回帰モデルがみたすべき条件として導入している．1.1.1 項では，(1.3) 式を使ってこの独立性が崩れるときの具体例を解説した．なお，誤差項との独立性をみたす独立変数を**外生変数**，誤差項と相関をもつ独立変数を**内生変数**という．

定理 1.2　（**最小二乗推定量の不偏性**）　重回帰モデル (1.30) において，条件 1 と 2 のもとで，最小二乗推定量 $\hat{\beta} = (\hat{\beta}_0, \hat{\beta}_1, \ldots \hat{\beta}_k)$ に対して

$$E(\hat{\beta}) = \beta$$

が成立する．ここで $\beta = (\beta_0, \beta_1, \ldots, \beta_k)$ は未知パラメーターの真の値である．推定量の期待値が真の値となるとき，この推定量は**不偏推定量**であるという．

証明　定数項以外のパラメーターとその最小二乗推定量を $\beta = (\beta_1, \ldots, \beta_k)$，$\hat{\beta} = (\hat{\beta}_1, \ldots, \hat{\beta}_k)'$ とおく．(1.18) 式に，

$$y_i = \beta_0 + \beta_1 x_{i1} + \cdots + \beta_k x_{ik} + u_i$$

を代入して整理すると，

$$\hat{\beta} = S_{xx}^{-1} S_{xy} = S_{xx}^{-1}(S_{xx}\beta + S_{xu}) = \beta + S_{xx}^{-1} S_{xu}, \tag{1.31}$$

$$S_{xu} = \begin{pmatrix} \displaystyle\sum_{i=1}^{n}(x_{i1} - \bar{x}_1)u_i \\ \vdots \\ \displaystyle\sum_{i=1}^{n}(x_{ik} - \bar{x}_k)u_i \end{pmatrix}$$

を得る．ここで，$\hat{\beta}$ の条件付き期待値を計算する．条件付き期待値とは，$x_1, \ldots, x_k$ を定数に固定したときの期待値である．

$$E(\hat{\beta}|x_1, \ldots, x_k) = \beta + S_{xx}^{-1} E(S_{xu}|x_1, \ldots, x_k) = \beta.$$

ここで，条件 2 より $E(S_{xu}|x_1, \ldots, x_k) = 0$ を使った．さらに期待値の繰り返しの公式を使えば $\hat{\beta}$ の不偏性を示すことができる．

次に定数項の最小二乗推定量の不偏性を示す．(1.15) 式に

$$\bar{y} = \beta_0 + \beta_1 \bar{x}_1 + \cdots + \beta_k \bar{x}_k + \bar{u},$$

$$\bar{u} = \frac{1}{n}\sum_{i=1}^{n} u_i$$

を代入すると，

$$\hat{\beta}_0 = \beta_0 - (\hat{\beta}_1 - \beta_1)\bar{x}_1 - \cdots - (\hat{\beta}_k - \beta_k)\bar{x}_k + \bar{u} \tag{1.32}$$

を得る．先ほどと同様に条件付き期待値をとると

$$E(\hat{\beta}_0|x_1, \ldots, x_k) = \beta_0 + E(\bar{u}|x_1, \ldots, x_k) = \beta_0$$

を得る．ここで，$\hat{\beta}_1, \ldots, \hat{\beta}_k$ の不偏性と条件 2 より $E(\bar{u}|x_1, \ldots, x_k) = 0$ を使った．さらに期待値の繰り返しの公式を使えば，$\hat{\beta}_0$ の不偏性を示すことができる． □

重回帰モデル (1.30) 式において，条件 1 と 2 のもとで，最小二乗推定量は不偏推定量であることを示した．**不偏性**とは，推定量の期待値が真の値と一致するという良い性質である．ここで，現実の重回帰分析における不偏性の意味を解説しておく．(1.20) 式では，築年数の偏回帰係数を -0.945 と最小二乗推定した．最小二乗推定量の不偏性は，この -0.945 が不偏性をもつ，という意味ではない．-0.945 は固定した推定値であり，推定量とは異なる．推定値は特定の標本に対して推定した値であり，推定量は無作為標本に対して推定する推定手続きを表している．最小二乗推定量の不偏性とは推定値の性質では

なく，推定量の性質を述べたものである．先ほどの例の推定値 -0.945 は未知の真の値に近いことを保証するものではなく，真の値から離れることもありうる．賃貸物件の標本を変えて何回も推定を繰り返せば，平均的には真の値と一致してくる．

1.3.2　除外変数バイアス

前項では，条件1と2のもとで最小二乗推定量の期待値を導き，不偏性という良い性質をもつことを示した．条件2が成立しないときには，不偏性をもたず，最小二乗推定量の期待値は真の値からずれる．正にずれるときを**上方バイアス**をもつといい，負にずれるときを**下方バイアス**をもつという．本節では，条件2が崩れて最小二乗法にバイアスが生じる具体例として，除外変数バイアスを挙げる．

(1.3) 式では，労働者の給与を従属変数，教育を受けた年数を独立変数とする単回帰モデル

$$給与 = \beta_0 + \beta_1 教育年数 + u \tag{1.33}$$

を紹介した．この単回帰モデルでは，給与に影響する要因として教育年数を独立変数に採用している．しかし，労働者の給与に関連する要因は他にも様々なものがあり，なかでも能力は最も大きい要因と考えられる．能力といっても論理構成力，コミュニケーション力，リーダーシップなど複数あるが，ここではそれらをまとめて「能力」としておく．「能力」を観測することはできないので，独立変数に入れることはできず，誤差項 u に含める．「能力」は「教育年数」と正の相関を持つと考えられる．なぜならば，「能力」が高い人は学歴も高くなる傾向があり，逆も言えるからである．したがって，誤差項 u は独立変数に入れなかった「能力」を通して，「教育年数」と正の相関を持ち，条件2が成立しない．このとき，「能力」は**除外変数**と呼ばれる．一般に，独立変数と相関をもつ変数で従属変数の重要な要因となる変数を独立変数に入れられないとき，この変数を除外変数と呼ぶ．

「能力」を除外変数として無視して，単回帰モデル (1.33) を最小二乗推定すると，最小二乗推定量 $\hat{\beta}_1$ は不偏推定量とならず，バイアスが発生する．この

バイアスを**除外変数バイアス**という. (1.31) 式を単回帰に応用すると,

$$\hat{\beta}_1 = \beta_1 + \frac{\displaystyle\sum_{i=1}^{n}(x_i - \bar{x})u_i}{\displaystyle\sum_{i=1}^{n}(x_i - \bar{x})^2}$$

を得る. 条件 2 のもとでは, 第二項の分子が u と x の独立性から期待値が 0 となる. しかし, u と x に除外変数を通して相関があるときは, 分子の期待値が 0 とならず, 「能力」と「教育年数」の例では正の値をとる. つまり, 「能力」による除外変数バイアスは上方バイアスとなることがわかる.

一般に重回帰モデルにおいて除外変数があるとき, 条件 2 が崩れて最小二乗推定量には除外変数バイアスが生じる. ただ, 重回帰モデルではバイアスが生じることはいえるが, 単回帰のようにバイアスの方向性を示すことは難しい. 除外変数以外にも条件 2 が崩れてしまう例がある. 同時方程式バイアス, 観測誤差によるバイアスが代表的なもので, これらによっても最小二乗推定量にバイアスが生じることが知られている. 最後に, 最小二乗推定量にバイアスがあるというのは, 実際の推定値にバイアスがあるということではない. 無作為標本を集めて最小二乗推定を繰り返すとき, 推定値は平均的にバイアスをもつということで, 個々の標本に対する推定値がバイアスをもつかどうかはわからない. ただ, バイアスがある推定量を使用することは避けるべきであり, 推定量の不偏性は応用上不可欠な性質である.

1.3.3 最小二乗推定量の分散

条件 1 と 2 のもとで, 最小二乗推定量の期待値を評価し, 不偏性という良い性質をもつことを示した. 本項では, 最小二乗推定量の分散を同じく条件 1 と 2 のもとで評価する. 重回帰モデル

$$y = \beta_0 + \beta_1 x_1 + \cdots + \beta_k x_k + u \tag{1.34}$$

において, 無作為標本

$$\{(x_{i1}, \ldots, x_{ik}, y_i) : i = 1, \ldots, n\}$$

を使って最小二乗推定量 (1.18) を計算するとき，その分散を評価する．ただし，独立変数を定数に固定したときの条件付き分散を扱い，独立変数を所与としない無条件の分散ではない．無条件の分散は複雑で評価が難しく，応用上は条件付き分散で十分である．なお，最小二乗推定量は $(k+1)$ 個の成分からなるベクトルなので，その分散は行列になる．

一般に確率変数ベクトル $z = (z_1, \ldots, z_p)'$ に対して，期待値はベクトル $\boldsymbol{\mu} = Ez = (EZ_1, \ldots, Ez_p)'$ となり，分散は $p \times p$ 行列，

$$Var(\boldsymbol{z}) = E(\boldsymbol{z} - \boldsymbol{\mu})(\boldsymbol{z} - \boldsymbol{\mu})'$$

と評価される．

定理 1.3　**（最小二乗推定量の分散）**　重回帰モデル (1.34) において，条件 1 と 2 のもとで，最小二乗推定量 $\hat{\beta} = (\hat{\beta}_1, \ldots \hat{\beta}_k)$ に対して

$$var(\hat{\beta}) = \sigma^2 S_{xx}^{-1}$$

と評価される．ここで，分散は独立変数を固定した時の条件付き分散である．

証明　前項で得た最小二乗推定量の公式 (1.31) 式より，

$$var(\hat{\beta}|x_1, \ldots, x_k) = E[(\hat{\beta} - \beta)(\hat{\beta} - \beta)'|x_1, \ldots, x_k] = S_{xx}^{-1}(\sigma^2 S_{xx})S_{xx}^{-1} = \sigma^2 S_{xx}^{-1}.$$

なお，ここで定数項の最小二乗推定量 (1.15) の分散は，(1.32) 式より

$$var(\hat{\beta}_0) = \sigma^2 \left(\bar{x}' S_{xx}^{-1} \bar{x} + \frac{1}{n} \right)$$

$$\bar{x} = (\bar{x}_1, \ldots, \bar{x}_k)'$$

と評価される．　　　　　　　　　　　　　　　　　　　　　　　　　　　　□

1.3.4　最小二乗推定量の有効性：Gauss–Markov の定理

本項では，最小二乗推定量の良さを保証する Gauss–Markov の定理を扱う．前項では条件 1 と 2 のもとで最小二乗推定量の期待値を計算し，不偏性とい

う良い性質を持つことを示した．最小二乗推定量以外にも不偏性をもつ推定量を構成することができる．

不偏性を持つ**線形推定量**のクラスに対象を限定すれば，最小二乗推定量は，その中で分散を最小にする推定量である．分散を最小にする線形不偏推定量をを英語では，best linear unbiased estimator といい，頭文字をとって**BLUE**と呼ぶ．つまり，最小二乗推定量は，条件1と2のもとでBLUEになる．

線形推定量とは，従属変数 $y_i, i = 1, \ldots, n$ の線形結合

$$\sum_{i=1}^{n} w_i y_i$$

で表される推定量をいう．最小二乗推定量 (1.15), (1.18) は，線形推定量の1つであることがわかる．さらに最小二乗推定量 $\hat{\beta}$ は，任意の線形不偏推定量 $\tilde{\beta}$ に比べて分散が小さくなる．つまり，

$$var(\hat{\beta}_j) \leq var(\tilde{\beta}_j)$$

が成立する．ただし，両辺の分散は行列なので，この不等式の意味は左辺から右辺をひいたものが非負定値になるという意味である．最小二乗推定量の分散が任意の線形不偏推定量の中で最小となる性質を**有効性**と呼ぶ．以上をまとめる．

> **定理 1.4**　（**Gauss-Markov の定理**）　条件1と2のもとで，最小二乗推定量 $\hat{\beta} = (\hat{\beta}_0, \hat{\beta}_1, \ldots, \hat{\beta}_k)'$ は**最小分散線形不偏推定量**（BLUE）である．

Gauss-Markov の定理の証明は，本書では省略する．興味ある読者は，竹村 (2020) 第11章を参照してほしい．

条件1と2のもとでは，最小二乗推定量が良い推定量であることが保証される．ただ，この条件が成立しなければ Gauss-Markov の定理は成立しない．特に，条件2において，独立変数と誤差項の独立性が崩れる2つの場合がある．1つは，独立変数と誤差項に相関があって誤差項の期待値が独立変数によってしまうとき，つまり独立変数が内生変数であるとき，最小二乗推定量の不偏性が成立しない．最小二乗推定量にバイアス（偏り）が生じる．もう1つ

には，誤差項の分散が独立変数によってしまうとき，分散が均一の σ^2 である
という条件2が崩れる．これを不均一分散であるという．不均一分散のとき
でも，誤差項の期待値が独立変数によっていなければ，最小二乗推定量に偏り
は生じないが，最小分散ではなくなってしまう．

第2章

変量間の関係を調べる：
回帰モデルの統計的推測

重回帰モデル

$$y = \beta_0 + \beta_1 x_1 + \cdots + \beta_k x_k + u \tag{2.1}$$

において，$\beta_0, \beta_1, \ldots, \beta_k$ は真の値を表し，母集団モデルにおける真のパラメーターと呼ばれる．最小二乗推定量 $\hat{\beta}_0, \hat{\beta}_1, \ldots \hat{\beta}_k$ は，標本 $(x_{i1}, \ldots, x_{ik}, y_i)$，$i = 1, \ldots, n$ を用いて母集団モデルのパラメーターを最小二乗法で推定したものであり，真のパラメーターとは厳格に区別される．回帰モデルの推測とは，真のパラメーターに仮説を設定し，最小二乗推定量を用いて仮説を検定することである．回帰モデルの推測を実行するためには，最小二乗推定量の標本分布を知る必要がある．本章では，誤差項 u に正規分布を仮定することで最小二乗推定量の標本分布を導き，t 検定および F 検定を導く．

2.1 最小二乗推定量の標本分布

前章では，重回帰モデルの最小二乗推定量の期待値と分散を，条件1と2のもとで導き，期待値は真の値に一致してバイアスがない「不偏性」，分散が線形推定量の中で最小になる「有効性」を導いた．最小二乗推定量の期待値と分散は役に立つものさしではあるが，**統計的推測**を行うためには最小二乗推定量の分布が必要となる．統計的推測とは，重回帰モデルのパラメーターに仮説

を設定して統計的検定を行うことである．

　最小二乗推定量の標本分布とは，無作為標本によって変動する最小二乗推定値の分布のしかたを表している．個々の標本ごとに定まる最小二乗推定値が無作為標本のとり方によってどのように変動するのかを示すものである．最小二乗推定量の分布を導出するために誤差項に正規分布の条件をおく．

条件3　重回帰モデル (2.1) において，誤差項 u は独立変数 $(x_1, \ldots, x_k)$ と独立に，平均 0，分散 σ^2 の正規分布に従う．

　条件3は条件2を強めて，正規分布であるという制約をおいていることに注意してほしい．Gauss-Markov の定理には，誤差項の平均と分散を規定するだけで分布形は不要であるが，最小二乗推定量の分布を出すためには，正規分布であるという強い条件を仮定する必要性がある．

　誤差項 u に正規分布を仮定すると，重回帰モデル (2.1) より，独立変数を固定したときの従属変数 y の条件付き分布は

$$y|(x_1, \ldots, x_k) \sim N(\beta_0 + \beta_1 x_1 + \cdots + \beta_k x_k, \sigma^2)$$

となる．つまり，条件3のもとでは，従属変数も正規分布に従う．

　誤差項への正規性制約は，現実には必ずしも満たされるものではない．例えば，従属変数が正の値のみとる場合，あるいは整数しかとらない場合などは，従属変数は正規分布に従うことはない．

定理 2.1　条件 1〜3 のもとで，独立変数を固定したときの最小二乗推定量 $\hat{\beta} = (\hat{\beta}_1, \ldots, \hat{\beta}_k)'$ の条件付き分布は

$$\hat{\beta} \sim N\left(\beta, \sigma^2 S_{xx}^{-1}\right) \tag{2.2}$$

となる．したがって，この分散行列の対角成分 j 番目の平方根を $sd(\hat{\beta}_j)$ とおくと，

$$\frac{\hat{\beta}_j - \beta_j}{sd(\hat{\beta}_j)} \sim N(0,1), j = 1, \ldots, k, \tag{2.3}$$

が成立する．

証明　最小二乗推定量の期待値と分散は，定理 1.2，定理 1.3 において条件 1 と 2 のもとですでに導いた．ここでは，さらに条件 3 を追加したときに，最小二乗推定量が正規分布に従うことを示せばよい．(1.31) 式より

$$\hat{\beta} - \beta = S_{xx}^{-1} S_{xu}$$

と書ける．x を固定すれば，最小二乗推定量は誤差項 $u_1, \ldots, u_n$ の線形結合である．したがって，独立な正規分布の線形結合は再び正規分布になることにより，$\hat{\beta}$ は正規分布に従う． $\qquad\square$

2.2　t 検定

2.2.1　t 分布

　重回帰モデルのパラメーターについて統計的推測を行うため，前節では定理 2.1 で最小二乗推定量の標本分布を求めた．ただ，(2.3) 式は分母に未知パラメーター σ^2 が含まれているため，このままでは検定に応用することができない．そこで，誤差項の分散を (1.29) 式で推定し，(2.3) 式の分母の σ^2 を推定量で置き換えると，次の結果を得る．

> **定理 2.2**　重回帰モデル (2.1) の最小二乗推定量は，条件 1～3 のもとで，
>
> $$\frac{\hat{\beta}_j - \beta_j}{se(\hat{\beta}_j)} \sim t_{n-k-1}, j = 1, \ldots, k.$$
>
> ここで，$k + 1$ は定数項を含む未知パラメーターの数で，t_{df} は自由度 df の **t 分布**を表す．また，$se(\hat{\beta}_j)$ を $\hat{\beta}_j$ の **標準誤差**といい，(2.2) 式右辺の分散行列中の σ^2 を推定量 (1.29) で置き換えた行列の j 番目の対角成分の平方根を表す．

　自由度 df の t 分布とは，独立な正規分布と規格化した自由度 df のカイ二乗分布の比

$$t = \frac{N(0, 1)}{\sqrt{\chi_{df}^2 / df}}$$

で定義する．この定理を証明するには，

$$\frac{\hat{\beta}_j - \beta_j}{se(\hat{\beta}_j)} = \frac{(\hat{\beta}_j - \beta_j)/sd(\hat{\beta}_j)}{\sqrt{\hat{\sigma}^2/\sigma^2}}$$

と変形して，$\hat{\beta}_j$ と $\hat{\sigma}^2$ が独立に，$(n-k-1)\hat{\sigma}^2/\sigma^2$ が χ^2_{n-k-1} に従うことを示せばよい．証明は竹村 (2020) 第 11 章を参照してほしい．

定理 2.2 を使って重回帰モデルの検定を実行することができる．次の**帰無仮説**を考える．

$$H_0 : \beta_j = 0. \tag{2.4}$$

β_j は重回帰モデル (2.1) において，独立変数 x_j の部分効果を表す．つまり β_j は，x_j 以外の独立変数を固定して x_j だけを 1 単位増加させたときの従属変数の変化量を表す．したがって，この帰無仮説は，x_j の部分効果が 0 であることを意味している．

1.2.3 項で紹介した月額家賃を従属変数とする重回帰モデル

$$家賃 = \beta_0 + \beta_1 広さ + \beta_2 築年数 + \beta_3 駅距離 + \beta_4 総階数 + u \tag{2.5}$$

を例として帰無仮説の持つ意味を考える．$\beta_4 = 0$ という帰無仮説は，広さ，築年数，駅距離が同じなら総階数は家賃に影響しないことを意味する．例えば，広さ，築年数，駅距離が同じタワーマンションと 2 階建てのアパートを帰無仮説のもとで比較すると，家賃に差がない．逆に $\beta_4 > 0$ ならば，総階数は家賃に反映され，階数の多いタワーマンションほど家賃が高くなる．

帰無仮説 (2.2) を検定する統計量を $\hat{\beta}_j$ の **t 値**といい，次の式で定義する．

$$t_{\hat{\beta}_j} = \frac{\hat{\beta}_j}{se(\hat{\beta}_j)}. \tag{2.6}$$

$se(\hat{\beta}_j)$ は定理 2.2 で定義した $\hat{\beta}_j$ の標準誤差である．t 値による帰無仮説 (2.4) の検定を **t 検定**と呼んでいる．次項では，t 検定の方法を片側，両側検定に分けて紹介する．

帰無仮説 (2.4) を検定するために，最小二乗推定量 $\hat{\beta}_j$ ではなく t 値 (2.6) を

チェックする必要があることに注意してほしい. 最小二乗推定量は推定量であるから, $\hat{\beta}_j$ は標本誤差を含んでいる. したがって, 帰無仮説のもとでも最小二乗推定量がちょうど0になることはないと考えてよい. つまり, 0ではない $\hat{\beta}_j$ の値が帰無仮説のもとでの標本誤差なのか判定しなければならない. そのために最小二乗推定量を標準誤差で割って *t* 値を定義している.

最後に, 検定する対象は真の値 β_j であって, 最小二乗推定値 $\hat{\beta}_j$ ではないことに注意してほしい. 帰無仮説 (2.4) では, 真の値が0であることを検定するのであって, 最小二乗推定値が0であることを検定するものではない. 例えば, 重回帰モデル (2.5) の検定 $\beta_4 = 0$ では, 真の値 $\beta_4 = 0$ を検定するのであって, その最小二乗推定値 $1.92 = 0$ を検定するのではない.

2.2.2 片側対立仮説

重回帰モデル (2.1) において, 帰無仮説 (2.4) を検定するためには, 対立仮説を適切に決定する必要がある. まず, **片側対立仮説**

$$H_1 : \beta_j > 0$$

から考えよう.

帰無仮説を棄却するためのルールを定めるには, **有意水準**を決めなければならない. 有意水準とは, 帰無仮説が真のときに帰無仮説を棄却してしまう確率を表す. (2.6) 式で考えた $t_{\hat{\beta}_j}$ を使って

$$t_{\hat{\beta}_j} > c \tag{2.7}$$

となるとき, 帰無仮説を棄却して対立仮説を選択する. 有意水準を5%にするためには, (2.7) 式の確率が帰無仮説のもとで5%となるように c を選ぶ. この c を臨界値という. (2.7) 式によって帰無仮説を棄却する方式を**片側検定**という.

帰無仮説のもとで, $t_{\hat{\beta}_j}$ は自由度 $n - k - 1$ の *t* 分布に従う. したがって, 自由度と有意水準さえ与えれば臨界値 c を定めることができる. 例えば自由度 $n - k - 1 = 20$ で有意水準が5%の片側検定を行うためには, 臨界値を $c = 1.724$ とする. $t_{\hat{\beta}_j} > 1.724$ が**棄却域**であり, $t_{\hat{\beta}_j} \leq 1.724$ ならば帰無仮

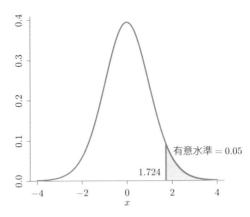

図 2.1　片側対立仮説 $\beta_j > 0$ に対して，有意水準 5% で帰無仮説
を自由度 $n - k - 1 = 20$ の t 分布を使って棄却する棄却域

説を棄却することができない．ある有意水準 α で t 値が臨界値を超えるとき，
有意水準 α で**統計的に有意**であるという．図 2.1 に，有意水準 5% の棄却域
を示す．

　有意水準を 5% 以外にしても同様に臨界値を設定して検定を実行すること
ができる．例えば自由度 20 で有意水準が 10% の片側検定を行うには，臨界
値 c を 1.325 とする．自由度 20 で有意水準 1% であれば，$c = 2.528$ とする．
有意水準を下げれば臨界値は上がり，逆に有意水準を上げれば臨界値は下が
る．したがって，ある有意水準（例えば 5%）で帰無仮説を棄却されたなら，
それ以上の有意水準（例えば 10%）でも棄却される．

　t 分布の自由度が上がれば標準正規分布 $N(0,1)$ に近づく．例えば自由度
120 の t 分布の 5% 臨界点は 1.658 であり，標準正規分布の 5% 臨界点は
1.645 である．自由度が十分に大きい t 分布であれば，標準正規分布で近似し
て検定してもよい．だいたいの目安として，自由度が 120 を超える t 分布であ
れば，標準正規分布で検定して差し支えない．

例 2.3　都内物件の家賃を従属変数とする重回帰モデル (2.5) を使って，t 検定の例を示そう．最小二乗推定により，

$$\widehat{\text{家賃}} = 46.8 + 2.51 \text{広さ} - 0.945 \text{築年数} - 0.834 \text{駅距離} + 1.92 \text{総階数}$$
$$\quad (2.71) \qquad (0.061) \qquad\quad (0.054) \qquad\quad (0.228) \qquad\quad (0.216)$$
$$n = 300 \quad , R^2 = 0.906$$

を得る．ここで，最小二乗推定値の下にある括弧内の数値が標準誤差である．以後，重回帰モデルの推定式を示すときには，この書き方で表す．

　ではこの推定式を使って，広さ，築年数，駅距離を固定したときに，家賃に対する総階数の影響が 0 になることを帰無仮説とし，正に影響することを対立仮説として検定を行う．この検定を

$$H_0 : \beta_{\text{総階数}} = 0 \text{ versus } H_1 : \beta_{\text{総階数}} > 0$$

と表す．ここで，$\beta_{\text{総階数}}$ は真のパラメーターであって，最小二乗推定値 1.92 ではないことを確認してほしい．

　このとき，帰無仮説のもとでの t 分布の自由度は $300 - 4 - 1 = 295$ であるから，自由度は十分に大きいと言えるので，臨界点を標準正規分布で評価してもよい．有意水準 5% の検定の臨界点は 1.645 であり，1% の臨界点は 2.326 である．$\hat{\beta}_{\text{総階数}}$ の t 値は

$$t_{\text{総階数}} = \frac{1.92}{0.216} = 8.88$$

である．したがって $\hat{\beta}_{\text{総階数}}$，あるいは「総階数」は有意水準 1% でも統計的に有意である．または $\hat{\beta}_{\text{総階数}}$ は有意水準 1% で統計的に正であるともいう．

　総階数の最小二乗推定値は 1.92 は，広さ，築年数，駅距離が同じ物件を比較したとき，総階数が 1 階高ければ 1,920 円家賃が上がることを意味する．1,920 円の月額家賃の差が高いか低いかは一概には言えないが，総階数は正の部分効果をもつことを統計的に示したことになる．

　片側対立仮説としてパラメーターが負であること，

$$H_1 : \beta_j < 0 \tag{2.8}$$

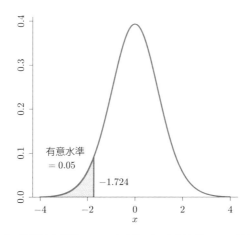

図 2.2　片側対立仮説 $\beta_j < 0$ に対して，有意水準 5% で帰無仮説を自由度 $n - k - 1 = 20$ の t 分布を使って棄却する棄却域

を検定することもある．負であることを検定するには，正のときとは逆に，t 分布の左側を使う．つまり，臨界値 c を負にとって $-c$ とし，

$$t_{\hat{\beta}_j} < -c$$

であれば，帰無仮説を棄却する．例えば，帰無仮説 $\beta_j = 0$ を，自由度 20 の t 分布で 2.8 に対して検定する場合，$c = 1.724$ として，$t_{\hat{\beta}_j} < -c$ であれば棄却する．図 2.2 に，負の片側対立仮説に対する棄却域を示す．

　例 2.3 の重回帰モデルにおいて，駅距離の部分効果が 0 であることを帰無仮説とし，対立仮説を

$$H_1 : \beta_{\text{駅距離}} < 0$$

として，検定する．ここで，検定は真のパラメーター $\beta_{\text{駅距離}}$ に対して行うもので，最小二乗推定値 -0.834 に対してではないことを確認してほしい．$\beta_{\text{総階数}}$ を検定したときと同様に，帰無仮説のもとでの t 分布の自由度は 295 であり，正規分布で近似し，有意水準 5% の臨界点は 1.645，1% の臨界点は 2.326 である．$\hat{\beta}_{\text{駅距離}}$ の t 値は

$$t_{\text{駅距離}} = \frac{-0.834}{0.228} = -3.65$$

である．*t* 値が 1% の臨界点 −2.326 を下回るので，$\hat{\beta}_{\text{駅距離}}$ あるいは「駅距離」は有意水準 1% でも統計的に有意である．または $\hat{\beta}_{\text{駅距離}}$ は有意水準 1% で統計的に負であるともいう．駅距離の最小二乗推定値 −0.834 は，他の条件を固定したとき，最寄り駅からの距離が徒歩 1 分遠くなると，834 円家賃が下がることを意味し，この *t* 検定は「駅距離」の部分効果が負であることを統計的に実証したことを示す．

R で *t* 検定を実行しよう．賃料データ tokyo.csv を読み込み，最小二乗推定した結果を summary 関数で出力する．

```
> tokyo_chintai = read.csv("tokyo.csv", header=1)
> result = lm(price_1000~sqr_meter+age+station+total_floor,data=
    tokyo_chintai)
> summary(result)

Call:
lm(formula = price_1000 ~ sqr_meter + age + station + total_floor,
    data = tokyo_chintai)

Residuals:
    Min      1Q  Median      3Q     Max
-49.068  -7.333  -1.008   6.514  74.989

Coefficients:
            Estimate Std. Error t value Pr(>|t|)
(Intercept) 46.83588    2.70652  17.305  < 2e-16 ***
sqr_meter    2.51423    0.06081  41.348  < 2e-16 ***
age         -0.94529    0.05430 -17.408  < 2e-16 ***
station     -0.83439    0.22837  -3.654 0.000306 ***
total_floor  1.91964    0.21607   8.884  < 2e-16 ***
---
Signif. codes:  0 '***' 0.001 '**' 0.01 '*' 0.05 '.' 0.1 ' ' 1

Residual standard error: 13.31 on 295 degrees of freedom
Multiple R-squared:  0.9057,    Adjusted R-squared:  0.9044
F-statistic: 708.5 on 4 and 295 DF,  p-value: < 2.2e-16
```

$\beta_{\text{総階数}}$ の最小二乗推定値，帰無仮説 $\beta_{\text{総階数}} = 0$ の *t* 値は，上記 total_floor の Estimate と t value を参照し，それぞれ 1.92，8.88 であることがわかる．自由度 $300 - 4 - 1 = 295$ の *t* 分布の上側 5% 点，1% 点は *t* 分布のパー

セント点を求める qt 関数を使って次のように計算する.

```
> qt(0.95,295)
[1] 1.650035
> qt(0.99,295)
[1] 2.339055
```

qt は t 分布のパーセント点を出力する関数で，第一引数は下側確率を，第二引数は t 分布の自由度を指定する．t 値はあきらかにこれらの臨界点を上回っているので，有意水準 5%，1% いずれにおいても有意であり，帰無仮説が棄却される.

同様に $H_0 : \beta_{\text{駅距離}} = 0$ を検定するためには，station の t value を参照して t 値が -3.65 であることを確認し，自由度 295 の t 分布の下側 5% 点，1% 点を qt 関数と比較する.

```
> qt(0.05,295)
[1] -1.650035
> qt(0.01,295)
[1] -2.339055
```

t 値はあきらかにこれらの臨界点を下回っているので，有意水準 5%，1% いずれにおいても有意であり，帰無仮説が棄却される.

2.2.3 両側対立仮説

帰無仮説 $H_0 : \beta_j = 0$ を，対立仮説

$$H_1 : \beta_j \neq 0$$

に対して検定することもよくある．この対立仮説を**両側対立仮説**と呼んでいる．β_j の符号がわからないとき，両側対立仮説に対して検定を行うのが便利である．最小二乗推定量 $\hat{\beta}_j$ の符号をみてから，対立仮説を片側にするか両側にするかを決めることは，統計学の手続きとして誤っている．検定するパラメーター β_j は母集団における真の値だからである.

両側対立仮説に対して帰無仮説を検定するとき，帰無仮説 $\beta_j = 0$ を棄却するための棄却域は，臨界値を c として，

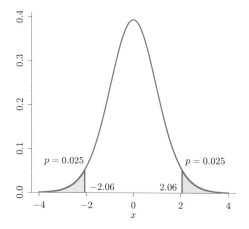

図 2.3 両側対立仮説 $\beta_j \neq 0$ に対して，有意水準 5% で帰無仮説を自由度 $n - k - 1 = 20$ の t 分布を使って棄却する棄却域

$$\left| t_{\hat{\beta}_j} \right| > c$$

である．この棄却域によって帰無仮説を棄却する方式を**両側検定**と呼ぶ．臨界値 c を決めるには，有意水準を定めなければならない．例えば有意水準 5% の検定では，t 分布の両側の裾の確率がそれぞれ 2.5% になるように c を選ぶ．つまり，c は自由度 $n - k - 1$ の t 分布の 97.5% 点である．例えば，自由度 $n - k - 1 = 25$ の t 分布の 5% 臨界値は $c = 2.060$ である．図 2.3 は，有意水準 5% の両側検定の棄却域を自由度 20 の t 分布を使って表している．

例 2.3 の重回帰モデルにおいて，駅距離の部分効果が 0 であることを帰無仮説とし，対立仮説を

$$H_1 : \beta_{\text{駅距離}} \neq 0$$

として検定する．帰無仮説のもとでの t 分布の自由度は 295 であり，正規分布で近似し，両側対立仮説に対して有意水準 5% の臨界値は 1.960，1% の臨界値は 2.576 である．$\hat{\beta}_{\text{駅距離}}$ の t 値は

$$t_{\text{駅距離}} = \frac{-0.834}{0.228} = -3.65$$

である．t 値が 1% の臨界点 -2.576 を下回るので，$\hat{\beta}_{駅距離}$ あるいは「駅距離」は有意水準 1% でも統計的に有意である．

R を使って両側検定を実行してみよう．「駅距離」の t 値は，片側検定でみた summary(result) の出力を確認して，-3.65 であることがわかる．両側対立仮説に対して検定するので，有意水準 5% では自由度 295 の t 分布の2.5% 点，有意水準 1% では 0.5% 点と t 値を比較して検定を行う．

```
> qt(0.025,295)
[1] -1.968038
> qt(0.005,295)
[1] -2.592598
```

t 値はこれらの臨界点を下回っているので，有意水準 5%，1% いずれにおいても有意であり，帰無仮説が棄却される．

2.2.4　0以外の帰無仮説の検定

前節までは帰無仮説として $H_0 : \beta_j = 0$ を考えたが，0以外の値を検定したいこともある．帰無仮説として

$$H_0 : \beta_j = a_j$$

を考えるとき，対応する t 値は

$$t = \frac{\hat{\beta}_j - a_j}{se(\hat{\beta}_j)}$$

となる．帰無仮説のもとで，定理 2.2 より，t 値は自由度 $n - k - 1$ の t 分布に従う．つまり，検定の方法は 0 を検定するときと全く同じで，片側仮説，両側仮説でも同様に棄却域を構成して検定を実行すればよい．

例 2.3 の重回帰モデルにおいて，帰無仮説

$$H_0 : \beta_{総階数} = 1$$

を片側対立仮説

$$H_1 : \beta_{総階数} > 1$$

に対して検定しよう．この検定の t 値は

$$t = \frac{1.92 - 1}{0.216} = 4.26$$

である．0 を検定する t とは異なり，1 を引き算していることに注意してほしい．自由度 $300 - 5 = 295$ の t 分布の上側 5% 点は 1.65，1% 点は 2.34 であるから，有意水準 1% でも帰無仮説を棄却する．

　ここで両側対立仮説

$$H_1 : \beta_{総階数} \neq 1$$

に対しても検定を考えてみよう．この検定の t 値は

$$t = \frac{1.92 - 1}{0.216} = 4.26$$

であることは片側対立仮説のときと変わらない．しかし，棄却域は両側対立仮説では異なる．自由度 $300 - 5 = 295$ の t 分布の上側 2.5% 点は 1.97，1% 点は 2.59 であるから，有意水準 5% の棄却域は $|t| > 1.97$，有意水準 1% の棄却域は $|t| > 2.59$ となる．t 値は 4.26 であるから，両側対立仮説に対しても有意水準 1% で有意となることがわかる．

　例 2.3 の重回帰モデルに lm で最小二乗推定したときの R の計算例を示す．

```
Coefficients:
            Estimate Std. Error t value  Pr(>|t|)
(Intercept) 46.83588    2.70652  17.305  < 2e-16 ***
sqr_meter    2.51423    0.06081  41.348  < 2e-16 ***
age         -0.94529    0.05430 -17.408  < 2e-16 ***
station     -0.83439    0.22837  -3.654 0.000306 ***
total_floor  1.91964    0.21607   8.884  < 2e-16 ***
---
Signif. codes:  0 '***' 0.001 '**' 0.01 '*' 0.05 '.' 0.1 ' ' 1
```

総階数の回帰係数が 1 か否かを検定するには，R 出力の t value をそのまま使ってはならない．Estimate の 1.91964 から 1 を引き，Std.Error の 0.21607 で割ることで t 値を計算する．

```
> t=(1.91964-1)/0.21607
> t
[1] 4.256213
```

2.2.5 p 値

t 検定を実行するためには，有意水準を最初に決めなければならない．有意水準に基づいて臨界値を決め，t 値と臨界値を比較して帰無仮説を棄却するか否かを決める．

有意水準の選び方に決定的な基準はない．各々が応用の現場で主観的に有意水準を決めているのが現状である．5% が使われることもあるが，5% に特別な意義はない．したがって，有意水準の主観的な決め方の差によって結論が変わることもある．例えば，両側対立仮説に対して，t 値が 1.85，自由度 40 の t 分布により帰無仮説を検定するとき，有意水準が 5% では帰無仮説を棄却できない．棄却域が $|t| > 2.02$ になるためである．しかし，有意水準を 10% にすると，棄却域が $|t| > 1.68$ になって帰無仮説は棄却される．有意水準の主観的な選択によって結論が逆になることは望ましいことではない．

そこで，有意水準を定めてから検定するよりも，t 値が有意になる最小の有意水準を示すことがある．この水準を **p 値** と呼んでいる．先ほどの例では，両側対立仮説に対し $t = 1.85$ は，有意水準が 5% で棄却されず 10% で棄却される．この t が有意となる最小の有意水準は，T を自由度 40 の t 分布に従う確率変数とし，

$$P(|T| > 1.85) = 0.072$$

となる．つまり，p 値は 7.2% である．p 値を計算すれば，任意の有意水準の検定結果を即座に知ることができる．この例では，p 値が 7.2% なので，有意水準が 7.2% 以下では帰無仮説は棄却できず，有意水準が 7.2% より高い検定ではすべて棄却される．

対立仮説が片側仮説のとき，p 値の計算は両側仮説のときと異なるので注意されたい．例えば，片側対立仮説 $H_1 : \beta > 0$ に対して，$t = 1.85$，自由度 40 の t 分布により検定するとき，

$$P(T > 1.85) = 0.036$$

となる．また，片側対立仮説 $H_1 : \beta < 0$ に対して，$t = -1.85$ を検定するときは，

$$P(T < -1.85) = P(T > 1.85) = 0.036$$

となる．片側対立仮説は両側対立仮説と棄却域のつくり方が異なるので，p 値の計算が異なることに注意が必要である．

最後に，例 2.3 の重回帰モデルにおいて，駅距離の部分効果が 0 であることを帰無仮説とし，両側対立仮説

$$H_1 : \beta_{駅距離} \neq 0$$

として，帰無仮説を検定するときの p 値を計算する．

$$t_{駅距離} = \frac{-0.834}{0.228} = -3.658$$

である．したがって，自由度 $300 - 5 = 295$ の確率変数 T として，

$$p = P(|T| > 3.65) = 0.0003$$

より，p 値は 0.003% であることがわかる．また，もし対立仮説を片側仮説 $H_1 : \beta_{駅距離} < 0$ とするとき，

$$p = P(T < -3.65) = 0.00015$$

より，p 値は 0.0015% である．t 検定には，有意水準の選択に主観性がある．有意水準を示さずに，t 検定 の p 値のみを示して，検定を読者にまかせることもある．

最後に R で p 値を計算する方法を示そう．例 2.3 の重回帰モデルに lm で最小二乗推定したときの出力：

```
Coefficients:
            Estimate Std. Error t value  Pr(>|t|)
(Intercept) 46.83588    2.70652  17.305  < 2e-16 ***
sqr_meter    2.51423    0.06081  41.348  < 2e-16 ***
age         -0.94529    0.05430 -17.408  < 2e-16 ***
station     -0.83439    0.22837  -3.654 0.000306 ***
total_floor  1.91964    0.21607   8.884  < 2e-16 ***
---
Signif. codes:  0 '***' 0.001 '**' 0.01 '*' 0.05 '.' 0.1 ' ' 1
```

において，Pr(>|t|) の列で示されているのは両側対立仮説の p 値である．この列の p 値を 1/2 倍したものが片側対立仮説に対する p 値となる．「駅距離」の両側対立仮説に対する p は 0.000306，片側対立仮設に対する p 値は 0.000153 であることがわかる．あるいは pt 関数を使って p 値を計算することもできる．「駅距離」の t 値 -3.65 の p 値は片側対立仮説に対しては $Pr(T < -3.65)$ であり，

```
> pt(-3.654, 295)
[1] 0.0001527513
```

によって計算される．ここで $pt(x, df)$ は自由度 df の t 分布において点 x 以下の値をとる確率を表す．両側対立仮説に対しては，片側 p 値を 2 倍するとよい．

```
> 2*pt(-3.654,295)
[1] 0.0003055026
```

2.2.6　信頼区間

回帰モデルにおいて，条件 1〜3 のもとで，パラメーター β_j の信頼区間を容易に構成することができる．最小二乗推定は β_j を点で推定する点推定であることに対して，信頼区間は**区間推定**と呼ばれる．

前項まで用いた t 値

$$\frac{\hat{\beta}_j - \beta_j}{se(\hat{\beta}_j)}$$

が自由度 $n - k - 1$ の t 分布に従うことを使って，β_j の 95% 信頼区間は

$$\hat{\beta}_j \pm c \cdot se(\hat{\beta}_j).$$

ここで，c は自由度 $n - k - 1$ の t 分布の 97.5% 点である．あるいは，信頼区間の下限/上限を

$$\underline{\beta}_j = \hat{\beta}_j - c \cdot se(\hat{\beta}_j),$$
$$\overline{\beta}_j = \hat{\beta}_j + c \cdot se(\hat{\beta}_j)$$

として示してもよい．

　信頼係数95%の信頼区間の意味はこうである．無作為標本を何度も抽出して，そのつど回帰モデルをあてはめて信頼区間 $\hat{\beta}_j \pm c \cdot se(\hat{\beta}_j)$ を構成したとする．このとき，真の値 β_j は95%の確率で信頼区間に含まれることを意味する．

　例2.3の重回帰モデルにおいて，駅距離の部分効果 $\beta_{駅距離}$ の95%信頼区間を示す．自由度295の t 分布の97.5%点は1.968であるから，95%信頼区間は

$$-0.834 \pm 1.968 \cdot 0.228 = [-1.28, -0.385]$$

となる．

　最後にRで区間推定する方法を示そう．例2.3の重回帰モデルに lm で最小二乗推定したときの出力：

```
Coefficients:
            Estimate Std. Error t value  Pr(>|t|)
(Intercept) 46.83588    2.70652  17.305  < 2e-16 ***
sqr_meter    2.51423    0.06081  41.348  < 2e-16 ***
age         -0.94529    0.05430 -17.408  < 2e-16 ***
station     -0.83439    0.22837  -3.654 0.000306 ***
total_floor  1.91964    0.21607   8.884  < 2e-16 ***
---
Signif. codes:  0 ´´ *** 0.001 ´´ ** 0.01 ´´ * 0.05 ´´ . 0.1 ´´  1
```

において，駅距離の最小二乗推定値が -0.83439，標準誤差が0.22837であることを読み取る．次に，自由度295の t 分布の97.5%点を qt 関数で評価する．信頼係数95%の信頼区間は次のように評価される．

```
> qt(0.975, 295)
[1] 1.968038
> -0.83439-1.968038*0.22837
[1] -1.283831
> -0.83439+1.968038*0.22837
[1] -0.3849492
```

2.3　F検定

　t 検定では，重回帰モデルの回帰係数 β_j がある値に等しいかどうかを検定した．t 検定は，回帰係数1つに注目して検定を行うが，複数の回帰係数を同

時に検定したいことがある．F検定は複数の回帰係数を同時に検定し，複数の
パラメーターを同時に検定できるように t 検定を拡張した検定方法である．

2.3.1 複数パラメーターの同時検定

検定するパラメーターが1つであれば t 検定で十分であるが，複数のパラメー
ターを同時に検定したいとき，t 検定を使うことができない．複数のパラメー
ターを同時に検定するとはどういうことか，具体的に例を挙げよう．新宿区
と中野区の家賃を従属変数とする重回帰モデル

$$\widehat{家賃} = \beta_0 + \beta_1 広さ + \beta_2 築年数 + \beta_3 駅距離 + \beta_4 総階数 \qquad (2.9)$$
$$+ \beta_5 d_{1\mathrm{F}} + \beta_6 d_{1\mathrm{F}} \times 駅距離 + \beta_7 d_{1\mathrm{F}} \times 総階数 + u$$

を考える．ここで，$d_{1\mathrm{F}}$ は1階ダミー変数で，1階にある物件では1，それ以
外では0をとる変数である．駅距離と総階数に1階ダミー変数をかけて新た
に変数を構成している．これは1階にあるかどうかで回帰係数が影響を受け
るか否かを示す．駅距離の場合では，

$$\beta_3 駅距離 + \beta_6 d_{1\mathrm{F}} \times 駅距離 = (\beta_3 + \beta_6 d_{1\mathrm{F}}) 駅距離$$

であるから，駅距離の部分効果が1階なら $\beta_3 + \beta_6$，2階以上なら β_3 となり，
物件が1階にあるかないかで駅距離の部分効果を変化させるモデルである．

「物件が1階にあるかどうかは，広さ，築年数，駅距離を固定すれば，家賃
に関係しない」という仮説を検定したいとする．この帰無仮説は，$d_{1\mathrm{F}}$ に関係
する3つの独立変数を同時に検定するので，

$$H_0 : \beta_5 = 0, \beta_6 = 0, \beta_7 = 0 \qquad (2.10)$$

と表される．3つのパラメーターの同時帰無仮説である．
この帰無仮説に対して対立仮説を

$$H_1 : H_0 は正しくない \qquad (2.11)$$

と表す．この対立仮説は，β_5，β_6，β_7 の中で少なくとも1つは0ではないこ
とを意味し，β_5，β_6，β_7 の3パラメーターとも非0ではないことに注意して

ほしい. t 検定では, 片側, 両側対立仮説を考えたが, ここでは, 3パラメーターの中で少なくとも1つは正であるという片側検定を扱わず, 両側検定に相当するものだけを考える.

帰無仮説 (2.10) を対立仮説 (2.11) に対して検定する検定統計量を考えよう. 最初に思いつくことは, $\beta_5 = 0$, $\beta_6 = 0$, $\beta_7 = 0$ で1つずつ t 値を計算し, それぞれ別々に t 検定することである. この個別 t 検定の方法はわかりやすいが, 有意水準を分析者の設定する通りにコントロールすることができない. 例えば, 帰無仮説 (2.10) を有意水準 5% で検定することを考える. 個別に3つのパラメーターに有意水準 5% の t 検定を3回繰り返しても, 有意水準 5% の検定にはならない. 1つ1つは有意水準 5% の検定であるとは言えても, 繰り返せば 5% とは言えなくなるためである. これを検定の**多重比較問題**と呼んでいる.

具体的に個別 t 検定を実行してみる.

$$\widehat{\text{家賃}} = \underset{(3.04)}{50.6} + \underset{(0.0602)}{2.52}\,\text{広さ} - \underset{(0.0538)}{0.960}\,\text{築年数} - \underset{(0.263)}{0.999}\,\text{駅距離} + \underset{(0.226)}{1.71}\,\text{総階数}$$

$$- \underset{(5.36)}{6.60}\,d_{1\text{F}} + \underset{(0.507)}{0.641}\,d_{1\text{F}} \times \text{駅距離} - \underset{(1.21)}{1.23}\,d_{1\text{F}} \times \text{総階数}$$

$$n = 300,\ SSR = 50094.91,\ R^2 = 0.910. \tag{2.12}$$

ここで SSR とは 1.2.6 項で紹介した残差変動である. この結果から個別に t 検定をしてみよう. $d_{1\text{F}}$, $d_{1\text{F}} \times$ 駅距離, $d_{1\text{F}} \times$ 総階数 の t 値はそれぞれ -1.23, 1.27, -1.02 であり, 有意水準 5% でいずれも両側対立仮説に対して有意ではない. この結果から, 築年数, 駅距離, 総階数を固定すれば, 物件の所在階が1階かどうかは賃料に関係しないと結論してよいだろうか.

個別にではなく, 同時に帰無仮説 (2.10) を検定する, 検定統計量 **F 値**を構成しよう. 帰無仮説 (2.10) のもとで, モデル (2.9) は

$$\widehat{\text{家賃}} = \beta_0 + \beta_1\text{広さ} + \beta_2\text{築年数} + \beta_3\text{駅距離} + \beta_4\text{総階数} + u \tag{2.13}$$

と書き直せる. (2.13) 式を**制限モデル**, (2.9) 式を**非制限モデル**と呼ぶことにしよう. 制限モデルを最小二乗推定すると

$$\widehat{\text{家賃}} = 46.8 + 2.51 \, 広さ - 0.960 \, 築年数 - 0.945 \, 駅距離 - 0.834 \, 総階数$$
$$\phantom{\widehat{\text{家賃}} = } {\scriptstyle(2.71)} \quad {\scriptstyle(0.0608)} \quad\quad {\scriptstyle(0.0543)} \quad\quad\quad {\scriptstyle(0.228)} \quad\quad\quad {\scriptstyle(0.216)}$$

$$n = 300, \, SSR = 52263.02, \, R^2 = 0.906. \tag{2.14}$$

　ここで，非制限モデルの残差二乗和（SSR）と制限モデルの SSR を，(2.12) 式と (2.14) 式から比べてみよう．SSR は制限モデルの 52263.02 から非制限モデルの 50094.91 に減少していることがわかる．この減少量が $d_{1\text{F}}$，$d_{1\text{F}} \times$ 駅距離，$d_{1\text{F}} \times$ 総階数 の影響力を示しており，減少量の大きさを帰無仮説 (2.10) を検定する統計量 F 値に用いる．

$$\text{F} = \frac{(52263.02 - 50094.91)/3}{50094.91/(300 - 7 - 1)} = 4.21. \tag{2.15}$$

ここで分子，分母を割っている数を**自由度**と呼び，分母の自由度は非制限モデルの残差の自由度 $300 - 7 - 1 = 292$，分子の自由度は制限モデルと非制限モデルの残差の自由度の差 $295 - 292 = 3$ である．分母の自由度は，非制限モデルと制限モデルの自由度の差に等しい．帰無仮説 (2.10) のもとで，F 値は自由度 $(3, 292)$ の **F 分布**に従うことが知られている．F 値による帰無仮説 (2.10) の検定を **F 検定**と呼ぶ．証明は竹村 (2020) 第 11 章を参照してほしい．

　F 分布とは，互いに独立な IID 標準正規分布列 $\{e_i\}, \{f_i\}$ に対して，次の 2 乗和の比

$$\frac{(e_1^2 + \cdots + e_p^2)/p}{(f_1^2 + \cdots + f_q^2)/q}$$

で定義され，この確率変数が自由度 (p, q) の F 分布に従う．(2.15) 式で計算した F 値が帰無仮説のもとで自由度 $(3, 292)$ の F 分布に従う．t 値が帰無仮説のもとで自由度 $(n - k - 1)$ に従うことを示した定理 2.2 と同様な方法で証明される．詳細は竹村 (2020) 第 11 章を参照してほしい．

　F 値 (2.15) が帰無仮説 (2.10) のもとで従う自由度 $(3, 292)$ の F 分布を図 2.4 に示す．検定法は簡単で，有意水準に従って c を定め，

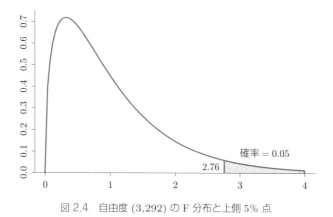

図 2.4　自由度 (3,292) の F 分布と上側 5% 点

$$F > c$$

であるかどうかで，帰無仮説 (2.10) を棄却するか否かを決める．例えば，有意水準 5% であれば，$c = 2.76$ であり，F 値は 4.21 であるから，帰無仮説 (2.10) は棄却される．つまり，築年数，駅距離，総階数を固定すれば，物件の所在階が 1 階かどうかは賃料に関係しないとする帰無仮説は棄却される．個別の t 検定では帰無仮説を棄却できないが，3 つのパラメーターを同時に検定することで棄却できることに注意してほしい．

　F 検定を一般的な形にまとめておく．独立変数が k 個の重回帰モデル

$$y = \beta_0 + \beta_1 x_1 + \cdots \beta_k x_k + u \tag{2.16}$$

において，q 個の独立変数の偏回帰係数 $\beta_{k-q+1}, \ldots \beta_k$ が 0 であることを同時に検定したい場合を考える．この同時検定の帰無仮説は

$$H_0 : \beta_{k-q-1} = 0, \ldots, \beta_k = 0 \tag{2.17}$$

である．非制限モデル (2.16) は，帰無仮説のもとで制限モデル

$$y = \beta_0 + \beta_1 x_1 + \cdots + \beta_{k-q} x_{k-q} + u \tag{2.18}$$

に帰着する．n 個の無作為標本で両モデルの最小二乗推定量を計算する．非

制限モデルの残差二乗和を SSR_{ur}, 制限モデルの残差二乗和を SSR_r とする. 帰無仮説 (2.17) を同時に検定する F 値は

$$\mathrm{F} = \frac{(SSR_r - SSR_{ur})/q}{SSR_{ur}/(n-k-1)} \tag{2.19}$$

である. F 値は必ず正の値をとる. 分子において, SSR_r は SSR_{ur} よりも大きくなるからである. q は分子の自由度と呼ばれ, 帰無仮説で同時に検定するパラメーター数, あるいは制限モデルと非制限モデルの残差の自由度の差に等しい. $n-k-1$ は分母の自由度と呼ばれ, 非制限モデルの残差の自由度に等しい.

　F 値は, 帰無仮説 (2.17) のもとで自由度 $(q, n-k-1)$ の F 分布となる. 有意水準に応じて臨界点 c を設定し,

$$\mathrm{F} > c$$

を棄却域として検定を実行する.

　最後に F 値を残差平方和ではなく, 決定係数を使って計算する方法を示しておく. 1.2.6 項では, 決定係数を (1.27) 式で定義した. (1.27) 式を変形すると

$$SSR = (1 - R^2) \cdot 全変動$$

を得る. 非制限モデル (2.16) および制限モデル (2.18) の決定係数をそれぞれ R_{ur}^2, R_r^2 とおき, 上式の残差変動を (2.19) 式に代入すると, F 値の R^2 による表現

$$\mathrm{F} = \frac{R_{ur}^2 - R_r^2}{1 - R_{ur}^2} \cdot \frac{n-k-1}{q}$$

を得る. 実際に (2.15) 式で計算した F 値を R^2 による表現で計算すると

$$\mathrm{F} = \frac{0.9096 - 0.9057}{1 - 0.9096} \cdot \frac{300 - 7 - 1}{3} = 4.21$$

となり，たしかに一致することがわかる．

最後に R での F 検定の計算例を示そう．tokyo.csv ファイルを読み込み tokyo_chintai に保存する．図 1.2 に示したように，tokyo.csv には賃料，広さ，築年数，駅距離，総階数，1 階ダミーが含まれている．非制限モデル (2.16) に含まれる変数 1 階 ダミー・駅距離 と 1 階 ダミー・総階数 を含めた新たなデータフレーム tokyo_chintai3 を構成する．

```
> tokyo_chintai=read.csv("tokyo.csv",header=1)
> a=tokyo_chintai["dummy_1f"]*tokyo_chintai["station"]
> b=tokyo_chintai["dummy_1f"]*tokyo_chintai["total_floor"]
> tokyo_chintai3=data.frame(tokyo_chintai,a,b)
```

次に，制限モデル (2.18)，非制限モデル (2.16) を lm で最小二乗推定し，残差二乗和をそれぞれ RSS_r，RSS_ur に保存し，(2.19) 式により F 値を計算する．

```
> result = lm(price_1000~sqr_meter+age+station+total_floor, data=
    tokyo_chintai3)
> uhat = result$residual
> RSS_r =  sum(uhat^2)
>
> result2 = lm(price_1000~sqr_meter+age+station+total_floor+dummy_1f
    +dummy_1f.1+dummy_1f.2, data=tokyo_chintai3)
> uhat = result2$residual
> RSS_ur =  sum(uhat^2)
>
> F=(RSS_r-RSS_ur)/RSS_ur*(300-7-1)/3
> F
[1] 4.212573
```

最後に有意水準 5% で検定するために，臨界点を計算しよう．自由度 (3,292) の F 分布の 95% 点は

```
> qf(0.95, 3, 292)
[1] 2.635523
```

で計算される．F 値は臨界点 2.64 を超えているので，有意水準 5% で帰無仮説は棄却される．F 値の p 値も pf 関数で計算できる．

```
> 1-pf(4.21, 3, 292)
[1] 0.006172637
```

pf(x, df1, df2) は自由度 (df1, df2) の F 分布において x を下回る確率を出力する．p 値は x を上回る確率なので，1 からの引き算となって 0.0062 と計算される．帰無仮説 (2.10) は有意水準 1% でも棄却されることを示す．

━━ 第**3**章 ━━

モデルの複雑さを
コントロールする：
正則化

　これまで線形回帰モデルにおける最小二乗法と最小二乗推定量の性質について学んできた．モデルが適当な条件を満たす限り，最小二乗法は非常に優れた性質を持つ．この章では，最小二乗法がうまく機能しない場合の例として，多重共線性と高次元モデルを取り上げる．さらにその対処法として，正則化と呼ばれる方法が有効であることを見る．

3.1　行列表記

　これまでの章は，和記号を用いてモデルや推定量を書き表してきた．しかし単回帰モデルよりも複雑なモデルを扱う場合は煩雑になり，かえって直観的な理解の妨げにもなる．そこでこの章では，これまで学んできた回帰モデルやOLS推定量を，行列とベクトルを用いて表記することから始める．

3.1.1　内積とノルム

　2つのn次元（縦）ベクトルx, yについて考える．特に断らない限り，全てのベクトルは縦（列）ベクトル

$$
\boldsymbol{x} = \begin{pmatrix} x_1 \\ \vdots \\ x_n \end{pmatrix}
$$

として定義する．ベクトル $\boldsymbol{x}$ の転置ベクトルとは，$\boldsymbol{x}' = (x_1, \ldots, x_n)$ で定義される横（行）ベクトルである．2 つのベクトル $\boldsymbol{x}, \boldsymbol{y}$ の**内積**とは，

$$
\boldsymbol{x}'\boldsymbol{y} = (x_1, \ldots, x_n) \begin{pmatrix} y_1 \\ \vdots \\ y_n \end{pmatrix} = x_1 y_1 + \cdots + x_n y_n
$$

で定義されるスカラーである．定義より $\boldsymbol{x}'\boldsymbol{y} = \boldsymbol{y}'\boldsymbol{x}$ であることがわかる．他の内積の表記として，$\boldsymbol{x} \cdot \boldsymbol{y}$，$(\boldsymbol{x}, \boldsymbol{y})$，$\langle \boldsymbol{x}, \boldsymbol{y} \rangle$ なども用いられる．ベクトル $\boldsymbol{x}$ の「大きさ（長さ）」は，高校数学では $\sqrt{\boldsymbol{x}'\boldsymbol{x}}$ で定義された．これを一般化する概念として，ベクトルの **$\boldsymbol{\ell_p}$ ノルム**を定義する．ℓ_p ノルムとは，任意の n 次元ベクトル ℓ_p について

$$
\|\mathbf{x}\|_p = \left(\sum_{i=1}^{n} |x_i|^p \right)^{1/p}
$$

と定義される．ただし $p \geq 0$ とする．特に ℓ_0 ノルムは $\|\boldsymbol{x}\|_0 = |\{i : x_i \neq 0\}|$，つまり $\boldsymbol{x}$ のノンゼロ要素の数と定義する．また，ℓ_2 ノルムは $\|\boldsymbol{x}\|_2 = \sqrt{\boldsymbol{x}'\boldsymbol{x}}$ と計算できることが容易に確認できる．

3.1.2　行列の復習

　サイズが $n \times k$ の行列 $\boldsymbol{A}$ について考える．この行列 $\boldsymbol{A}$ の (i, j) 要素と (j, i) 要素を入れ替えてできる $k \times n$ 行列を $\boldsymbol{A}$ の**転置行列**と呼び $\boldsymbol{A}'$ と書く．転置行列の別表記として，$\boldsymbol{A}^{\top}$，$\boldsymbol{A}^T$，${}^t\boldsymbol{A}$ なども用いられる．$\boldsymbol{A}' = \boldsymbol{A}$ が成り立つとき，つまり転置行列が元の行列と等しいとき，$\boldsymbol{A}$ を**対称行列**と呼ぶ．また，大きさが $k \times k$ の行列を**正方行列**という．正方行列 $\boldsymbol{A}$ の**逆行列**とは，$\boldsymbol{A}\boldsymbol{B} = \boldsymbol{B}\boldsymbol{A} = \boldsymbol{I}$ を満たす正方行列 $\boldsymbol{B}$ のことであり，これを $\boldsymbol{A}^{-1}$ と表記する．逆行列は必ずしも存在するとは限らない点に注意すること．逆行列が存在すると

き，その行列を**正則行列**と呼ぶ．

　以下では，ベクトルを引数にとる実数値関数の偏微分が必要となるが，定義はシンプルである．実数値関数 $f(\boldsymbol{b})$ のベクトル $\boldsymbol{b}$ での微分は，単に f を $\boldsymbol{b}$ の要素で順に微分していけばよい．偏微分も同様で，つまりは $\partial f(\boldsymbol{x}, \boldsymbol{b})/\partial \boldsymbol{b} = (f(\boldsymbol{x}, \boldsymbol{b})/\partial b_1, \ldots, \partial f(\boldsymbol{x}, \boldsymbol{b})/\partial b_p)'$ とすればよい．特にこの章で用いるものは，

$$\frac{\partial(\boldsymbol{Ab})}{\partial \boldsymbol{b}} = \boldsymbol{A}',$$

$$\frac{\partial(\boldsymbol{b}'\boldsymbol{Ab})}{\partial \boldsymbol{b}} = (\boldsymbol{A} + \boldsymbol{A}')\boldsymbol{b}$$

の 2 つである．$\boldsymbol{A}$ が対称行列の場合，$(\boldsymbol{A} + \boldsymbol{A}')\boldsymbol{b} = 2\boldsymbol{Ab}$ となることに注意する．

3.1.3　回帰モデルの行列表記

　第 1 章で学んだ重回帰モデル

$$y = \beta_0 + \beta_1 x_1 + \beta_2 x_2 + \cdots + \beta_k x_k + u$$

の行列表記を与える．k 個の説明変数 $(x_1, x_2, \ldots, x_k)$ と誤差項 u について，n 個の独立なコピー $(x_{i1}, x_{i2}, \ldots, x_{ik})_{i=1}^n$，$(u_i)_{i=1}^n$ が与えられると，$(y_i)_{i=1}^n$ が生成される．このことを書き下すと，以下の n 本の式を得る．

$$y_1 = \beta_0 + \beta_1 x_{11} + \beta x_{12} + \cdots + \beta_k x_{1k} + u_1,$$
$$y_2 = \beta_0 + \beta_1 x_{21} + \beta x_{22} + \cdots + \beta_k x_{2k} + u_2,$$
$$\vdots \tag{3.1}$$
$$y_n = \beta_0 + \beta_1 x_{n1} + \beta x_{n2} + \cdots + \beta_k x_{nk} + u_n,$$

これら n 本の式を 1 つにまとめるために，以下の通りベクトルと行列を用いた表記を導入する．

$$
\boldsymbol{y} = \begin{pmatrix} y_1 \\ y_2 \\ \vdots \\ y_n \end{pmatrix}, \boldsymbol{X} = \begin{pmatrix} 1 & x_{11} & x_{12} & \dots & x_{1k} \\ 1 & x_{21} & x_{22} & \dots & x_{2k} \\ \vdots & \vdots & \vdots & & \vdots \\ 1 & x_{n1} & x_{n2} & \dots & x_{nk} \end{pmatrix}, \boldsymbol{\beta} = \begin{pmatrix} \beta_0 \\ \beta_1 \\ \beta_2 \\ \vdots \\ \beta_k \end{pmatrix}, \boldsymbol{u} = \begin{pmatrix} u_1 \\ u_2 \\ \vdots \\ u_n \end{pmatrix},
$$

すると，(3.1) 式は

$$
\boldsymbol{y} = \boldsymbol{X}\boldsymbol{\beta} + \boldsymbol{u} \tag{3.2}
$$

のように簡潔に表すことができる．1つの（i 番目の）観測値のみ取り出す場合は，

$$
y_i = \boldsymbol{x}'_i \boldsymbol{\beta} + u_i
$$

と書くことができる．ただし，$\boldsymbol{x}_i$ は縦ベクトル

$$
\boldsymbol{x}_i = \begin{pmatrix} 1 \\ x_{i1} \\ x_{i2} \\ \vdots \\ x_{ik} \end{pmatrix}
$$

として定義している点に注意する．慣習的にベクトルはすべて縦ベクトルとして定義することが多いため，記法を混同しないよう注意すること．この表記を用いると，

$$
\boldsymbol{X} = \begin{pmatrix} \boldsymbol{x}'_1 \\ \boldsymbol{x}'_2 \\ \vdots \\ \boldsymbol{x}'_n \end{pmatrix} = (\boldsymbol{x}_1, \boldsymbol{x}_2, \dots, \boldsymbol{x}_n)'
$$

と書ける．

3.1.4 行列表記による最小二乗（OLS）推定量の導出

第1章では，単回帰モデルにおける最小二乗推定量を導出した．ここでは行列表記を用いることで，より一般的な重回帰モデル (3.2) の最小二乗推定量の導出を試みる．ℓ_2 ノルムの定義より，重回帰モデルの最小二乗推定量を導出するための $\boldsymbol{\ell_2}$ **損失関数**（目的関数）は，

$$Q(\boldsymbol{b}) = \sum_{i=1}^{n}(y_i - \boldsymbol{x}_i'\boldsymbol{\beta})^2 = \|\boldsymbol{y} - \boldsymbol{X}\boldsymbol{b}\|_2^2$$

と簡潔に書き直すことができる．これを最小化する $\boldsymbol{b}$ を最小二乗推定量（$\hat{\boldsymbol{\beta}}$ とおく）と呼ぶのであった．いま

$$Q(\boldsymbol{b}) = \|\boldsymbol{y} - \boldsymbol{X}\boldsymbol{b}\|_2^2 = (\boldsymbol{y} - \boldsymbol{X}\boldsymbol{b})'(\boldsymbol{y} - \boldsymbol{X}\boldsymbol{b})$$
$$= \boldsymbol{y}'\boldsymbol{y} - 2\boldsymbol{y}'\boldsymbol{X}\boldsymbol{b} + \boldsymbol{b}'\boldsymbol{X}'\boldsymbol{X}\boldsymbol{b}$$

と展開できることに注意し，$Q(\boldsymbol{b})$ を $\boldsymbol{b}$ で偏微分する．$Q(\boldsymbol{b})$ はスカラー，$\boldsymbol{b}$ はベクトルなので，3.1.2 項の議論からその偏導関数はベクトルで与えられ，

$$\frac{\partial}{\partial \boldsymbol{b}}Q(\boldsymbol{b}) = -2\boldsymbol{X}'\boldsymbol{y} + 2\boldsymbol{X}'\boldsymbol{X}\boldsymbol{b}$$

を得る．この根（つまり $= \boldsymbol{0}$ の解）が最小二乗推定量なので，k 次元の正規方程式

$$\boldsymbol{X}'\boldsymbol{X}\hat{\boldsymbol{\beta}} = \boldsymbol{X}'\boldsymbol{y}$$

が得られる．$\boldsymbol{X}'\boldsymbol{X}$ が逆行列を持つならば OLS 推定量 $\hat{\boldsymbol{\beta}}$ は一意に定まり，

$$\hat{\boldsymbol{\beta}} = (\boldsymbol{X}'\boldsymbol{X})^{-1}\boldsymbol{X}'\boldsymbol{y}$$

となる．ここにモデル $\boldsymbol{y} = \boldsymbol{X}\boldsymbol{\beta} + \boldsymbol{u}$ を代入すると，理論的な考察に役立つ OLS 推定量の確率的表現

$$\hat{\boldsymbol{\beta}} = \boldsymbol{\beta} + (\boldsymbol{X}'\boldsymbol{X})^{-1}\boldsymbol{X}'\boldsymbol{u}$$

を得る．誤差項 $\boldsymbol{u}$ が標準的な仮定（$\boldsymbol{u} = (u_1,\ldots,u_n)'$ は平均 0 分散 σ^2 をもつ i.i.d. 確率変数列で $\boldsymbol{X}$ とは独立）を満たせば，説明変数 $\boldsymbol{X}$ を与えたときの条

件付き期待値は，

$$E[\hat{\boldsymbol{\beta}} \mid \boldsymbol{X}] = \boldsymbol{\beta} + (\boldsymbol{X}'\boldsymbol{X})^{-1}\boldsymbol{X}'E[\boldsymbol{u}] = \boldsymbol{\beta}$$

と簡単に計算できる．同様に条件付き分散は，$\hat{\boldsymbol{\beta}}$ の不偏性を用いて

$$
\begin{aligned}
Var(\hat{\boldsymbol{\beta}} \mid \boldsymbol{X}) &= E[(\hat{\boldsymbol{\beta}} - E[\hat{\boldsymbol{\beta}} \mid \boldsymbol{X}])(\hat{\boldsymbol{\beta}} - E[\hat{\boldsymbol{\beta}} \mid \boldsymbol{X}])' \mid \boldsymbol{X}] \\
&= E[(\hat{\boldsymbol{\beta}} - \boldsymbol{\beta})(\hat{\boldsymbol{\beta}} - \boldsymbol{\beta})' \mid \boldsymbol{X}] \\
&= (\boldsymbol{X}'\boldsymbol{X})^{-1}\boldsymbol{X}'E[\boldsymbol{u}\boldsymbol{u}' \mid \boldsymbol{X}]\boldsymbol{X}(\boldsymbol{X}'\boldsymbol{X})^{-1} \\
&= \sigma^2(\boldsymbol{X}'\boldsymbol{X})^{-1}\boldsymbol{X}'\boldsymbol{I}\boldsymbol{X}(\boldsymbol{X}'\boldsymbol{X})^{-1} \\
&= \sigma^2(\boldsymbol{X}'\boldsymbol{X})^{-1}
\end{aligned}
$$

と計算できる．

3.2 多重共線性

　線形重回帰モデルにおいて，互いに強い相関のある説明変数が2つ以上含まれる場合，最小二乗法による推定結果は「不安定」なものとなる．これを**多重共線性**の問題という．この章ではまず，多重共線性の詳しい説明と，それによって引き起こされる問題について解説する．

3.2.1 完全な多重共線性

　2つの説明変数 x_1 と x_2 の間に完全な共線性があるとは，ある定数 c_0, c_1 について

$$x_2 = c_0 + c_1 x_1 \tag{3.3}$$

なる関係が成り立つことをいう．重回帰モデルにおいて，2つ以上の説明変数間に完全な共線性が見られるとき，完全な多重共線性があるという．

　例を見てみよう．いま，賃金 y に男女間の有意な格差があるか調べたいとする．そのために男性ダミー変数を導入する．つまり，個人 i が男性の場合 $d_i^M = 1$，女性の場合 $d_i^M = 0$ となるような変数を説明変数に加える．説明変

数に不足（過少定式化）がないよう適切にコントロール変数 $w_1, \ldots, w_k$ を加えると，推定すべき重回帰モデルは

$$y_i = \beta_0 + \beta_1 d_i^M + \gamma_1 w_{i1} + \cdots + \gamma_k w_{ik} + u_i$$

となる．これは適切なモデリングであるが，多重共線性の問題を明らかにするために，さらに女性を表すダミー変数（つまり個人 i が女性であれば $d_i^F = 1$，男性であれば $d_i^F = 0$ となる変数）を加えてみる．するとモデルは，

$$y_i = \beta_0 + \beta_1 d_i^M + \beta_2 d_i^F + \gamma_1 w_{i1} + \cdots + \gamma_k w_{ik} + u_i \qquad (3.4)$$

となる．しかしダミー変数の定義より，すべての i について

$$d_i^F = 1 - d_i^M$$

が成り立つので，d_i^M と d_i^F の間には完全な共線性があることがわかる．実際にこれを代入すると

$$y_i = (\beta_0 + \beta_2) + (\beta_1 - \beta_2) d_i^M + \gamma_1 w_{i1} + \cdots + \gamma_k w_{ik} + u_i$$

となるが，ここで $\beta_0^* = (\beta_0 + \beta_2)$ と $\beta_1^* = (\beta_1 - \beta_2)$ とおくと，最小二乗法で一意に推定できるのは $(\hat{\beta}_0^*, \hat{\beta}_1^*)$ であり，モデル (3.4) において $(\hat{\beta}_0, \hat{\beta}_1, \hat{\beta}_2)$ を一意には推定できないことが確認できる．実証において完全な多重共線性が認められる場合，コンピュータによる計算において必ずエラーが出るため，発見は容易である．そのようなときは，推定モデルから共線関係にある 2 変数のうちどちらか一方を取り除くことで，簡単に対処できる．

3.2.2 近似的な多重共線性

完全な多重共線性がミス以外で起こることはまれであるし，仮に起こったとしてもすぐわかるため，対処するのは簡単である．一方，(3.3) の関係式が近似的に成り立つ多重共線性は見つけることが難しく，見つけたとしても有効な対処方法はない．まず，近似的な多重共線性が存在するとき，OLS 推定量の挙動はどうなるのか見ていこう．簡単のため，次の定数項なしの回帰モデルを考える．

$$y_i = \beta_1 x_{i1} + \beta_2 x_{i2} + u_i.$$

ただし，説明変数 x_{i1}, x_{i2} はウェイト $w \in [0,1]$ を用いて

$$x_{i2} = \sqrt{1-w}x_{i0} + \sqrt{w}x_{i1}, \quad x_{i0}, x_{i1} \sim \text{i.i.d.} N(0,1)$$

と定める．また，誤差項は $u_i \sim \text{i.i.d.} N(0,1)$ とする．このとき，説明変数どうしの相関は

$$Corr(x_{i1}, x_{i2}) = E[x_{i1}x_{i2}] = \sqrt{w}$$

と計算できる．ウェイト（相関）w の値を変化させたとき，OLS 推定量の挙動がどうなるか観察する．ただし $w = 1$ のとき完全な多重共線性を示すため，OLS 推定量は計算できないことに注意する．行列記法にならい，説明変数を $n \times 2$ の行列 $\boldsymbol{X}$ にまとめる．また，和記号 $\sum$ は $i = 1, \ldots, n$ について取るものとする．すると，

$$nVar(\hat{\boldsymbol{\beta}} \mid \boldsymbol{X}) = \left(\frac{1}{n}\boldsymbol{X}'\boldsymbol{X}\right)^{-1} = \begin{pmatrix} n^{-1}\sum x_{i1}^2 & n^{-1}\sum x_{i1}x_{i2} \\ n^{-1}\sum x_{i1}x_{i2} & n^{-1}\sum x_{i2}^2 \end{pmatrix}^{-1}$$

$$= \frac{1}{n^{-1}\sum x_{i1}^2 \, n^{-1}\sum x_{i2}^2 - (n^{-1}\sum x_{i1}x_{i2})^2} \begin{pmatrix} n^{-1}\sum x_{i2}^2 & -n^{-1}\sum x_{i1}x_{i2} \\ -n^{-1}\sum x_{i1}x_{i2} & n^{-1}\sum x_{i1}^2 \end{pmatrix}$$

となる．n が十分に大きいとき，**大数の法則**により $j = 1, 2$ について

$$\frac{1}{n}\sum_{i=1}^n x_{ij} \approx E[x_{ij}] = 0, \quad \frac{1}{n}\sum_{i=1}^n x_{ij}^2 \approx E[x_{ij}^2] = 1,$$

$$\frac{1}{n}\sum_{i=1}^n x_{i1}x_{i2} \approx E[x_{i1}x_{i2}] = \sqrt{w}$$

と近似できることから，n が十分に大きいとき

$$Var(\hat{\boldsymbol{\beta}} \mid \boldsymbol{X}) \approx \frac{1}{n(1-w)} \begin{pmatrix} 1 & -\sqrt{w} \\ -\sqrt{w} & 1 \end{pmatrix}$$

を得る．よって，w が 1 に近いほど $1/(1-w)$ は大きくなるため，OLS 推定

量の分散も大きくなることがわかる．これが推定結果が「不安定」になることの意味である．ただし，w がいくら 1 に近くても 1 でない限り，サンプルサイズ n がさらに大きくなれば，分散は 0 に近づいていく．ある程度の共線性があっても，サンプルサイズ n が増えていくにつれ，多重共線性に起因する分散は減少していくということである．これはサンプルから得られる「情報」が増えることで，2 つ以上の「似ている」変数を見分けられるようになることと解釈できる．似ている変数が複数含まれるモデルは，冗長で複雑であるとも言える．この複雑さをコントロールする方法が正則化である．

3.3 正則化

回帰モデルの $n \times k$ 説明変数行列 $\boldsymbol{X}$ について，説明変数の数 k を**次元**という．$n < k$ を満たすとき，このモデルは**高次元**であるという．これ以降，特に断らない限り，$n \times k$ 説明変数行列 $\boldsymbol{X}$ の第 1 列は定数項に対応する 1 からなるベクトルとする．

3.3.1 最小二乗法の限界

これまで見てきた通り，$k \times k$ の正方行列 $\boldsymbol{X}'\boldsymbol{X}$ が逆行列を持てば，最小二乗推定量は一意に定まる．そのための必要十分条件は，$\boldsymbol{X}'\boldsymbol{X}$ がフルランク，つまり $\mathrm{rank}(\boldsymbol{X}'\boldsymbol{X}) = k$ が成り立つことである．しかし多重共線性がある場合や高次元 $(k > n)$ のとき，これは成り立たない．これを確認するため，$\boldsymbol{X}$ の列ベクトルが線形独立のとき，つまり多重共線性がない場合を考える．このときランクの性質と $k > n$ より

$$\mathrm{rank}(\boldsymbol{X}'\boldsymbol{X}) = \mathrm{rank}(\boldsymbol{X}) = \min\{n, k\} = n < k$$

となる．よって高次元のとき，逆行列 $(\boldsymbol{X}'\boldsymbol{X})^{-1}$ は存在せず，OLS 推定量 $\hat{\boldsymbol{\beta}}$ は一意には定まらない．さらに注意すべきは，たとえ低次元 $(k < n)$ であったとしても，多重共線性があればフルランクにならない点である．実際，$\boldsymbol{X}$ に 1 つ以上の共線関係がある場合，$k < n$ であっても

$$\text{rank}(\boldsymbol{X}'\boldsymbol{X}) = \text{rank}(\boldsymbol{X}) < \min\{n, k\} = k$$

となり逆行列 $(\boldsymbol{X}'\boldsymbol{X})^{-1}$ は存在しない．もし n が k よりも十分に大きくなれば，OLS にて正確な推定が可能になる．よって，モデルが高次元であることと（完全な）多重共線性があることは，サンプルから得られる情報 n とモデルの複雑さ k の観点から，本質的に同じであると言える．高次元回帰モデルも，情報 n に対して次元 k が大きい，冗長で複雑なモデルである．

3.3.2 正則化

ここまで見てきたように，$\boldsymbol{X}$ に完全な多重共線性がある場合や，モデルが高次元の場合，OLS 推定量は一意には定まらない．この問題の解決策として，$\boldsymbol{X}'\boldsymbol{X}$ の逆行列計算を避けるような推定方法を考える．引き続き，モデル (3.2) を考える．天下り的ではあるが，次の正則化項付き損失関数を最小化するような推定量を考える．

$$Q_p(\boldsymbol{b}) = \|\boldsymbol{y} - \boldsymbol{X}\boldsymbol{b}\|_2^2 + \lambda \|\boldsymbol{b}\|_p^p. \tag{3.5}$$

ここで，$\lambda \|\boldsymbol{b}\|_p^p$ は（ℓ_p ノルムによる）**正則化項**，λ は**正則化係数**と呼ばる．λ は分析者が事前に決める正の定数であるが，この意味については後ほど解説する．この $Q_p(\boldsymbol{b})$ を最小化する $\boldsymbol{b}$ を（ℓ_p ノルムによる）**正則化推定量**と呼ぶ．特に，$Q_2(\boldsymbol{b})$，$Q_1(\boldsymbol{b})$ を最小化する推定量をそれぞれ，**Ridge 推定量** (Hoerl and Kennard, 1970a; 1970b)，**Lasso 推定量** (Tibshirani, 1996) と呼ぶ（Lasso は least absolute shrinkage and selection operator の略である）．以下，Ridge 推定量を $\hat{\boldsymbol{\beta}}_R$，Lasso 推定量を $\hat{\boldsymbol{\beta}}_L$ と書く．

「正則化項」としての $\lambda \|\boldsymbol{b}\|_p^p$ の意味を理解するために，$p = 2$ として実際に Ridge 推定量を導出してみよう．最小二乗推定量のときと同様に，目的関数を偏微分すると，

$$\frac{\partial}{\partial \boldsymbol{b}} Q_2(\boldsymbol{b}) = -2\boldsymbol{X}'\boldsymbol{y} + 2\boldsymbol{X}'\boldsymbol{X}\boldsymbol{b} + 2\lambda\boldsymbol{b}$$

$$= -2\boldsymbol{X}'\boldsymbol{y} + 2(\boldsymbol{X}'\boldsymbol{X} + \lambda\boldsymbol{I}_k)\boldsymbol{b}.$$

ただし $\boldsymbol{I}_k$ は $k \times k$ 単位行列である．ここで重要なのは，$\boldsymbol{X}'\boldsymbol{X}$ が正則でなく

とも，任意の $\lambda > 0$ について $\boldsymbol{X}'\boldsymbol{X} + \lambda\boldsymbol{I}_k$ は常に正則で逆行列を持つという点である．つまり $\boldsymbol{X}$ に完全な多重共線性があっても，もしくは $\boldsymbol{X}$ が高次元データであっても，Ridge 推定量は（与えられた λ ごとに）一意に定まる．実際，一階の条件より

$$\hat{\boldsymbol{\beta}}_R = (\boldsymbol{X}'\boldsymbol{X} + \lambda\boldsymbol{I}_p)^{-1}\boldsymbol{X}'\boldsymbol{y}$$

と求まる．これが正則化の意味である．

正則化項は「罰則項」とも呼ばれる．この意味を $\lambda\|\boldsymbol{b}\|_2^2$ について考えよう．$\lambda = 0$ ならば $Q_2(\boldsymbol{b}) = \|\boldsymbol{y} - \boldsymbol{X}\boldsymbol{b}\|_2^2$ となり OLS 推定量の目的関数に一致し，これを最小にする $\boldsymbol{b}$ は当然 OLS 推定量となる．一方で $\lambda > 0$ のとき，罰則項 $\lambda\|\boldsymbol{b}\|_2^2$ の存在により「大きすぎる」b_j^2 に対しては，OLS 推定量の 2 乗 $\hat{\beta}_j^2$ よりも小さくなるように罰則が科される．このため得られる Ridge 推定量は，OLS 推定量をゼロに向けて縮小させた量になることが理解できる．この罰則の程度は，$\lambda > 0$ の大きさによってコントロールされ，λ が大きいほど Ridge 推定量はゼロに縮小される．Lasso 推定量も OLS 推定量を縮小したものであることは同様の議論から理解できるだろう．

Lasso 推定量は OLS 推定量や Ridge 推定量と異なり，一般的に閉形式解は得られない．しかし $\boldsymbol{X}$ が $\boldsymbol{X}'\boldsymbol{X} = \boldsymbol{I}$ を満たす場合，Lasso 推定量の各要素は

$$\hat{\beta}_j^L = \mathrm{sgn}(\hat{\beta}_j^{OLS})\max\left\{0, |\hat{\beta}_j^{OLS}| - \lambda\right\}$$

と書けることが知られている．この表現から，正則化係数 λ の値よりも最小二乗推定値の絶対値が小さい場合，$\hat{\beta}_j$ が正確にゼロとなることがわかる．この性質は，Lasso 推定量の**スパース性**として知られる．つまり $\hat{\boldsymbol{\beta}}_{lasso}$ の多くの要素が正確に 0 と推定されることで，変数選択と推定が同時になされることを意味する．Lasso の統計学的性質については，次章で解説する．

3.3.3　正則化推定量の別の定義

正則化推定量がモデルの複雑さをコントロールすることと，Lasso 推定量がスパース性を満たすことについて，別の角度から同時に理解しよう．Lasso 推定量と Ridge 推定量は，それぞれ $p = 1, 2$ としたときの目的関数 (3.5) の最小

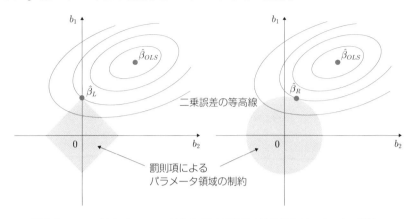

図 3.1 Lasso（左）と Ridge（右）に関する誤差の等高線とパラメーター制約

化により定義された．これらの推定量は，以下の不等式制約付き最小化問題の解としても定義される．

$$\hat{\boldsymbol{\beta}}_{lasso} = \arg\min_{\boldsymbol{b}\in\mathbb{R}^p} \|\boldsymbol{y} - \boldsymbol{X}\boldsymbol{b}\|_2^2 \text{ subject to } \|\boldsymbol{b}\|_1 \le t, \tag{3.6}$$

$$\hat{\boldsymbol{\beta}}_{ridge} = \arg\min_{\boldsymbol{b}\in\mathbb{R}^p} \|\boldsymbol{y} - \boldsymbol{X}\boldsymbol{b}\|_2^2 \text{ subject to } \|\boldsymbol{b}\|_2^2 \le t. \tag{3.7}$$

ここにラグランジュ未定乗数法を適用して得られる同値表現が，(3.5) 式である．ここで t と λ は一対一対応することに注意する．

　図 3.1 は，$k = 2$（つまり $\boldsymbol{b} = (b_1, b_2)'$）としてこれを図示したものである．等高線は二乗誤差の損失関数 $\|\boldsymbol{y} - \boldsymbol{X}\boldsymbol{b}\|_2^2$ を表していて，その最小値を与える点が OLS 推定量である．正則化推定量を求める場合，(3.6)，(3.7) 式にあるように，それぞれ $|b_1| + |b_2| \le t$，$b_1^2 + b_2^2 \le t$ の制約が入る．特に Lasso の場合，このパラメーター領域の制約が四角形になるため，その頂点で最適化が達成された場合，その推定量はスパースになり得ることが視覚的に理解される．一方の Ridge はパラメーター制約が円となるため，スパース解が得られることはない．

　このパラメーター制約は，モデルの冗長さ，複雑さをコントロールしている．t が大きく（λ が小さく）なると $\boldsymbol{b}$ の動ける範囲は広くなるので，パラメ

ーターへの制約は緩くなる．逆に，t が小さく（λ が大きく）なると b の動ける範囲は狭くなるので，パラメーターへの制約はきつくなる．これは，間接的により小さいモデルを推定していると考えることができる．これが正則化による複雑性コントロールの視覚的な意味である．

3.3.4 変数選択と Lasso

これまで，多重共線性や高次元モデル（つまりはモデルの過度な複雑性）への対処法として，正則化の解説をしてきた．特に Lasso はスパースな推定量をもたらし，その結果，変数選択と推定を同時に達成することができた．Lasso による変数選択の理論的考察は次の章で行うこととし，ここでは伝統的な変数選択の方法を紹介しておく．

回帰モデル (3.2) を推定するために，(3.5) 式と同様に ℓ_0 ノルム正則化推定量

$$\tilde{\boldsymbol{\beta}} = \arg\min_{\boldsymbol{b} \in \mathbb{R}^k} \|\boldsymbol{y} - \boldsymbol{X}\boldsymbol{b}\|_2^2 + \lambda \|\boldsymbol{b}\|_0$$

を考える．$\|\boldsymbol{b}\|_0$ は $\boldsymbol{b}$ のノンゼロ要素の個数であることを思い出すと，この正則化はモデルの次元に制約を課していることがわかる．特に σ を既知とするとき，$\lambda = 2\sigma^2$ とおくと $\tilde{\boldsymbol{\beta}}$ は**赤池情報量**（AIC）もしくは **Mallow の $\boldsymbol{C_p}$ 基準**で選ばれた推定モデルに対する OLS 推定量となることが知られている．よってこの最小化問題は，変数 $x_1, \ldots, x_k$ のすべての組み合わせからなるサブモデルについて各々 OLS 推定量を計算し，損失を最小にする最適な変数組を調べなければならない．この組み合わせの総数は 2^k 個である．もし k が比較的小さければ，全通りの AIC を計算することは難しくない．しかし k が大きいとき組み合わせの数は非常に大きくなり，実質的に計算が不可能となる．このように数値計算が非効率になってしまう原因は，ℓ_0 ノルム正則化が非凸な最適化問題であることから生じる．一方で Lasso や Ridge は凸最適化問題であり，数値的に高速に解くことができる．特に ℓ_1 ノルム正則化は ℓ_0 ノルムを凸関数である ℓ_1 ノルムで「近似」することで，数値計算を高速化していると考えることもできる（これを**凸緩和**という）．

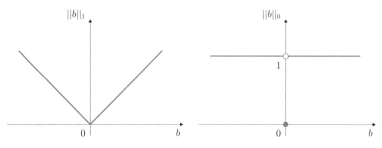

図 3.2　ℓ_1 ノルム（左）と ℓ_0 ノルム．ℓ_1 ノルムは ℓ_0 ノルムの凸緩和である．

3.3.5　正則化係数の選択

正則化推定量は正則化係数 λ の関数であり，この λ が制約の強さをコントロールするのであった．より良い予測のためには，「最適な」正則化係数を選ぶ必要がある．そのため，ここでは以下の **K-分割交差検証**（K-分割クロスバリデーション，CV）の方法を紹介する．

(1) サンプル $(y_i, \boldsymbol{x}_i)_{i=1}^n$ を K 個のサブサンプル $(y_i, \boldsymbol{x}_i)_{i=1}^{n_1}, (y_i, \boldsymbol{x}_i)_{i=n_1+1}^{n_2}$ $\ldots, (y_i, \boldsymbol{x}_i)_{i=n_{K-1}+1}^{n_K}$ におおよそ等分割する．

(2) λ の候補 $\{\lambda_1, \ldots, \lambda_M\}$ を用意し，$m = 1 \ldots, M$ について以下を実行する．

　(a) λ_m を用いて，$j = 1, \ldots, K$ について以下を実行する：

　　ⅰ．j 番目のサブサンプル $(y_i, \boldsymbol{x}_i)_{i=n_{j-1}+1}^{n_j}$ を除いたサンプルで Lasso 推定値 $\hat{\boldsymbol{\beta}}_m^{(-j)}$ を計算する．

　　ⅱ．j 番目のサブサンプル $(y_i, \boldsymbol{x}_i)_{i=n_{j-1}+1}^{n_j}$ で誤差

$$err^{(j)}(\lambda_m) = \frac{1}{n_j} \sum_{i=n_{j-1}+1}^{n_j} (y_i - \boldsymbol{x}_i' \boldsymbol{\beta}_m^{(-j)})^2$$

　　を計算する．

　(b) 誤差の平均

$$err(\lambda_m) = \frac{1}{K} \sum_{j=1}^{K} err^{(j)}(\lambda_m)$$

を計算する.

(3)　$\lambda = \arg\min_{m=1\dots,M} err(\lambda_m)$ と選ぶ.

交差検証による正則化係数の選択と Lasso（Ridge）推定の R による実装
は，次章で扱う.

3.4　バイアスと分散

Ridge 推定量の性質を議論する前に，そのベースとなる概念として，推定量
のバイアスと分散について解説する.そのために一般的な非線形回帰モデル

$$y = f(\boldsymbol{x}) + u$$

を考える.ただし f は実数値をとる未知の関数で，推定すべきパラメーター
である.このようなモデルを非線形回帰モデルと呼ぶ.例えば $f(\boldsymbol{x}) = \boldsymbol{x}'\boldsymbol{\beta}$
とおけば線形回帰モデルになり，推定すべきパラメーター f は $\boldsymbol{\beta}$ になる.$\hat{f}$
は例えば OLS 推定量 $\hat{\boldsymbol{\beta}}$ であり，データ点 $\boldsymbol{x}$ が与えられたときの予測値 $\hat{y}$ は
$\boldsymbol{x}'\hat{\boldsymbol{\beta}}$ と計算される.ここでの目的は，より高精度な y の予測をもたらす f の
推定量を構成することである.精度の測り方はさまざまであるが，ここでは最
小二乗誤差を考える.

いま，データ $(y_i, \boldsymbol{x}_i)_{i=1}^n$ を用いて推定量 $\tilde{f}$ を構成する.さらに，それとは
独立な新しいデータ $(y, \boldsymbol{x})$ が得られたとする.このとき，推定量 $\tilde{f}$ の精度を
測るメジャーとして次の**最小二乗誤差**（mean squared error, MSE）を定義す
る.

$$MSE = E\left[\left\{y - \tilde{f}(\boldsymbol{x})\right\}^2\right].$$

このあと見る通り，MSE は推定量のバイアスの 2 乗と分散，そして誤差項の
分散 $Var(u) = \sigma^2$ に分解することができる.ここで推定量のバイアスは

$$Bias\left(\tilde{f}(\boldsymbol{x})\right) = E\left[\hat{f}(\boldsymbol{x})\right] - f(\boldsymbol{x}),$$

と定義される.この期待値は推定量 $\hat{f}$ を構成するデータについて取られてい

るため，その推定手法がもたらす平均的な予測値と考えられる．よってバイアスとは，推定量に内包される真の予測値とのずれを意味する．一方で，推定量の分散は

$$Var\left(\tilde{f}(\boldsymbol{x})\right) = E\left[\left(\hat{f}(\boldsymbol{x}) - E[\hat{f}(\boldsymbol{x})]\right)^2\right]$$

と定義される．これは異なるデータセットで f を推定するたびに生じるバラツキを意味する．

3.4.1 平均二乗誤差の分解

モデルを代入すると，

$$
\begin{aligned}
MSE &= E\left[\left\{f(\boldsymbol{x}) - \tilde{f}(\boldsymbol{x}) + u\right\}^2\right] \\
&= E\left[\left\{f(\boldsymbol{x}) - \tilde{f}(\boldsymbol{x})\right\}^2 + 2\left\{f(\boldsymbol{x}) - \tilde{f}(\boldsymbol{x})\right\}u + u^2\right] \\
&= E\left[\left\{f(\boldsymbol{x}) - \tilde{f}(\boldsymbol{x})\right\}^2\right] + \sigma^2
\end{aligned}
$$

ただし最後の等式は $\tilde{f}$ の推定に用いたデータと u が独立であることから従う．最終式の第 1 項は $\tilde{f}$ をうまく構成することによって小さくすることができるだろう．しかし第 2 項 σ^2 は誤差項の分散であり，避けられない誤差である．よって，第 1 項に焦点を当ててもう少し詳しく見る．

$$
\begin{aligned}
E\left[\left\{f(\boldsymbol{x}) - \tilde{f}(\boldsymbol{x})\right\}^2\right] &= E\left[\left\{f(\boldsymbol{x}) - E[\tilde{f}(\boldsymbol{x})] + E[\tilde{f}(\boldsymbol{x})] - \tilde{f}(\boldsymbol{x})\right\}^2\right] \\
&= E\left[\left\{f(\boldsymbol{x}) - E[\tilde{f}(\boldsymbol{x})]\right\}^2\right. \\
&\quad + 2\left\{f(\boldsymbol{x}) - E[\tilde{f}(\boldsymbol{x})]\right\}\left\{E[\tilde{f}(\boldsymbol{x})] - \tilde{f}(\boldsymbol{x})\right\} \\
&\quad \left. + \left\{E[\tilde{f}(\boldsymbol{x})] - \tilde{f}(\boldsymbol{x})\right\}^2\right] \\
&= \left\{f(\boldsymbol{x}) - E[\tilde{f}(\boldsymbol{x})]\right\}^2 + E\left[\left\{E[\tilde{f}(\boldsymbol{x})] - \tilde{f}(\boldsymbol{x})\right\}^2\right]
\end{aligned}
$$

$$\tag{3.8}$$

ここで 3 つめの等号は，$\boldsymbol{x}$ が固定されていることから

$$
E\left[2\left\{f(\boldsymbol{x}) - E[\tilde{f}(\boldsymbol{x})]\right\}\left\{E[\tilde{f}(\boldsymbol{x})] - \tilde{f}(\boldsymbol{x})\right\}\right]
$$
$$
= 2\left\{f(\boldsymbol{x}) - E[\tilde{f}(\boldsymbol{x})]\right\}E\left[E[\tilde{f}(\boldsymbol{x})] - \tilde{f}(\boldsymbol{x})\right]
$$
$$
= 2\left\{f(\boldsymbol{x}) - E[\tilde{f}(\boldsymbol{x})]\right\}\left\{E[\tilde{f}(\boldsymbol{x})] - E[\tilde{f}(\boldsymbol{x})]\right\}
$$
$$
= 0
$$

と計算できることによる．この (3.8) 式において，第 1 項はバイアスの 2 乗，そして第 2 項は分散である．以上をまとめると，平均二乗誤差は

$$
MSE = E\left[\left\{y - \tilde{f}(\boldsymbol{x})\right\}^2\right]
$$
$$
= Bias\left(\tilde{f}(\boldsymbol{x})\right)^2 + Var\left(\tilde{f}(\boldsymbol{x})\right) + \sigma^2
$$

と分解できる．

3.4.2 正則化推定量の性質

　バイアスと分散の観点から正則化推定量の性質を見る．特に Ridge 推定量について考えるが，Lasso も同様の構成であることから，似た性質が期待できる．両者とも OLS 推定量に比べて，幾分かのバイアスを許容するかわりに分散が低下していることが期待される．

　まず期待値を計算する．回帰モデルを代入すると

$$
\hat{\boldsymbol{\beta}}_R = (\boldsymbol{X}'\boldsymbol{X} + \lambda\boldsymbol{I}_p)^{-1}\boldsymbol{X}'\boldsymbol{y}
$$
$$
= (\boldsymbol{X}'\boldsymbol{X} + \lambda\boldsymbol{I}_p)^{-1}\boldsymbol{X}'\boldsymbol{X}\boldsymbol{\beta} + (\boldsymbol{X}'\boldsymbol{X} + \lambda\boldsymbol{I}_p)^{-1}\boldsymbol{X}'\boldsymbol{u}
$$

と書ける．簡単のため $\boldsymbol{X}$ は確定的であると仮定すると，$E[\boldsymbol{u}] = 0$ であることから，この期待値は，

$$
E[\hat{\boldsymbol{\beta}}_R] = (\boldsymbol{X}'\boldsymbol{X} + \lambda\boldsymbol{I}_p)^{-1}\boldsymbol{X}'\boldsymbol{X}\boldsymbol{\beta} + (\boldsymbol{X}'\boldsymbol{X} + \lambda\boldsymbol{I}_p)^{-1}\boldsymbol{X}'E[\boldsymbol{u}]
$$
$$
= (\boldsymbol{X}'\boldsymbol{X} + \lambda\boldsymbol{I}_p)^{-1}\boldsymbol{X}'\boldsymbol{X}\boldsymbol{\beta}
$$

と計算することができる．同様に分散も計算すると，$E[\boldsymbol{u}\boldsymbol{u}'] = \sigma^2\boldsymbol{I}$ より，

$$Var[\hat{\boldsymbol{\beta}}_R] = (\boldsymbol{X}'\boldsymbol{X} + \lambda \boldsymbol{I}_p)^{-1} \boldsymbol{X}' E[\boldsymbol{u}\boldsymbol{u}'] \boldsymbol{X} (\boldsymbol{X}'\boldsymbol{X} + \lambda \boldsymbol{I}_p)^{-1}$$
$$= \sigma^2 (\boldsymbol{X}'\boldsymbol{X} + \lambda \boldsymbol{I}_p)^{-1} \boldsymbol{X}' \boldsymbol{X} (\boldsymbol{X}'\boldsymbol{X} + \lambda \boldsymbol{I}_p)^{-1}.$$

さらに直観的な理解のため，最も簡単な 1 次元の場合を考える．つまり，$\boldsymbol{X} = \boldsymbol{x}$（$n$ 次元ベクトル）とすると，$\boldsymbol{X}'\boldsymbol{X} = \|\boldsymbol{x}\|_2^2$（スカラー）となり，任意の $\lambda > 0$ について

$$E[\hat{\beta}_R] = \frac{\|\boldsymbol{x}\|_2^2 \beta}{\|\boldsymbol{x}\|_2^2 + \lambda} = \frac{\beta}{1 + \lambda/\|\boldsymbol{x}\|_2^2} < \beta = E[\hat{\beta}],$$
$$Var[\hat{\beta}_R] = \frac{\|\boldsymbol{x}\|_2^2 \sigma^2}{(\|\boldsymbol{x}\|_2^2 + \lambda)^2} = \frac{\sigma^2}{\|\boldsymbol{x}\|_2^2 + 2\lambda + \lambda^2/\|\boldsymbol{x}\|_2^2} < \frac{\sigma^2}{\|\boldsymbol{x}\|_2^2} = Var(\hat{\beta})$$

と計算できる．まず 1 つめの不等式より，Ridge 推定量の期待値は真の値 β よりも小さくなることがわかる．このことは，OLS 推定量が不偏であることと，Ridge 推定量が OLS 推定量をゼロに向けて縮小した推定量であることと整合的である．この結果，Ridge 推定量は説明変数が従属変数に与える影響を過小評価していると考えることができ，OLS よりも保守的な推定量と見ることができる．次に 2 つめの不等式より，Ridge 推定量の分散は OLS 推定量の分散よりも小さくなることがわかる．これらの結果をまとめると，Ridge 推定量は（下方）バイアスを許すかわりに分散を小さくする推定量であることがわかる．このことは，これまでの議論と整合的である．

—— 第**4**章 ——

高次元回帰モデルを効率的に推定する：Lasso

　前章では，線形回帰モデルに対する代表的な正則化推定量として，Ridge 推定量と Lasso 推定量を紹介した．特に Lasso 推定量はスパース性を有するため，高次元回帰モデルの推定において非常に有用である．この章では，高次元線形回帰モデルにおける Lasso 推定量の統計学的性質を概観するとともに，R による実装方法について解説する．

4.1　Lasso 推定量の性質

　前章では，正則化推定量として Lasso と Ridge を紹介した．特に Lasso 推定量はスパースとなり，回帰モデルの変数選択と係数推定を同時に達成する．ここではその統計学的性質を概観する．

4.1.1　スパース回帰モデル

　Lasso 推定量の性質を考察するために，まず推定すべき回帰モデルにいくつかの仮定をおく必要がある．高次元モデルによく用いられる仮定として，真の係数ベクトル $\boldsymbol{\beta}$ の大半の要素がゼロであるという**スパース性**の仮定をおく．これは，説明変数 $\boldsymbol{X}$ には，被説明変数 $\boldsymbol{y}$ の予測に役立つ変数と役立たない変数が含まれていることを意味する．このことをより正確に表現するため，$\boldsymbol{\beta}$ のノンゼロ要素の添え字集合を S とおく．つまり，$S = \{j = 1, \ldots, k : \beta_j \neq$

0} と定める. さらに S の要素の個数を s $(\leq n, k)$ とおく. 定義から, S の補集合 S^c は不要な変数の集合であり, 全ての $j \in S^c$ について $\beta_j = 0$ であることに注意する.

いま, $\boldsymbol{X}_S$ を s 個の重要な変数のみからなる $n \times s$ 説明変数行列, $\boldsymbol{\beta}_S$ をそれに対応するノンゼロ要素だけもつ $s \times 1$ 係数ベクトルとする. すると回帰モデル (3.2) は,

$$\boldsymbol{y} = \boldsymbol{X}\boldsymbol{\beta} + \boldsymbol{u} = \boldsymbol{X}_S\boldsymbol{\beta}_S + \boldsymbol{u} \tag{4.1}$$

と表現できることに注意する. これを**スパース回帰モデル**と呼ぶ. もし S が既知でかつ s が十分に n より小さければ, (4.1) 式は単に低次元モデルと見なせるため, OLS で効率的に推定することができる. しかし一般に, S は未知であることに気をつけなければならない. 高次元 $(k > n)$ であれば, 真のモデルがスパースであろうとなかろうと, OLS 推定は不可能である. そこで真価を発揮するのが Lasso である. Lasso 推定量はスパース性を有するため, スパースモデルを推定するのに非常に相性が良い.

以下, 高次元統計理論を考える場合, n と同時に k も発散すると仮定する. 特に $k > n$ の場合を考える. さらに, $\boldsymbol{\beta}$ のノンゼロの個数 s は n 以下とし, n, k よりゆっくり発散すると仮定する. また C はある正の定数とし, 各行で異なる値を取り得るものとする.

4.1.2 誤差上限

高次元スパース回帰モデル (4.1) の Lasso 推定について考える. もし S が既知でかつ s が n より十分に小さければ, 単に OLS 推定量を用いればよい. そのときの誤差は,

$$\|\hat{\boldsymbol{\beta}}_S - \boldsymbol{\beta}_S\|_2 \leq C\sqrt{\frac{s}{n}}$$

となり, $s/n \to 0$ なる状況では一致性を有することが知られている. 当然, これは, ある平均ゼロの正規確率変数 Z_j に対して OLS 推定量が $\sqrt{n}(\hat{\beta}_j - \beta_j) \to_d Z_j$ (漸近正規性) を満たすことを思い出せば, 大雑把には両辺の二乗和を考えることで得られる. しかし S は未知なので, これは現実には達成

し得ない誤差上限である.

　では Lasso はどうだろうか. 多くの場合 Lasso 推定量は一致性を有する. 特に, 説明変数と誤差項が正規分布と同等かそれよりも薄い裾を持つ場合, いくつかの追加的な仮定のもと, λ を適切に選ぶことにより漸近的に高確率で

$$\|\hat{\boldsymbol{\beta}} - \boldsymbol{\beta}\|_2 \leq C\sqrt{\frac{s \log k}{n}}$$

なる誤差上限をもつことが知られている. 重要な点は, k が n よりもかなり大きくても, 誤差上限への寄与はわずか $\sqrt{\log k}$ だということである. この $\sqrt{\log k}$ の発散速度は極めて遅いため, S が未知であっても, Lasso 推定量は S が既知のときの OLS 推定量とほぼ同程度の誤差上限をもつということが言える. 同様に予測誤差についても,

$$\frac{1}{\sqrt{n}}\|\boldsymbol{X}(\hat{\boldsymbol{\beta}} - \boldsymbol{\beta})\|_2 \leq C\sqrt{\frac{s \log k}{n}}$$

となることが知られている.

4.1.3 変数選択

　高次元スパース回帰モデル (4.1) における「真のモデル」S に対応して, 何らかの統計手法で有用と「発見」された変数の集合を $\hat{S}$ とする. 1つの簡単な例として, Lasso 推定量 $\hat{\boldsymbol{\beta}}_L$ においてノンゼロと推定された要素の添え字集合 $\hat{S}_L = \{j : \hat{\beta}_j^L \neq 0\}$ が挙げられる. ここでの自然な疑問は, $S = \hat{S}$ となり得るのかどうかである. しかし残念なことに, **変数選択の一致性**, つまり

$$\hat{S}_L = S \tag{4.2}$$

は, どのように λ を選んだとしても, 非常に限られた仮定のもとでしか成り立たないことが知られている. 実際のデータ分析では, 得られた $\hat{S}_L$ が S に近いと考えることに理論的根拠は乏しい.

　一方でいくつかの仮定のもと, Lasso は高確率で必要な説明変数 S をもれなく選択することが知られている. 特に, スパース回帰モデルの係数ベクトル $\boldsymbol{\beta}$ について, 次の不等式条件

$$\min_{j \in S} |\beta_j| \geq Cd_n \tag{4.3}$$

を仮定する．ただし $d_n > 0$ はある定数もしくは「ゆっくり」$\lim_{n \to \infty} d_n = 0$ となる数列である．この条件は **β-min 条件**と呼ばれ，モデルにおけるシグナルの強さを規定する．ある $|\beta_j|$ がノンゼロだったとしても，非常に小さければ，Lasso がこの $|\beta_j|$ をゼロと見分けるのは困難であろう．一方である程度の大きさがあれば，Lasso はこの β_j を無事にノンゼロと推定してくれるだろう．d_n がゆっくりゼロに収束してもよい理由は，サンプルサイズ n が増えるにつれて Lasso はシグナルをゼロと区別しやすくなるため，多少はそのシグナルが小さくても問題ないということである．この仮定のもと，

$$\hat{S}_L \supset S$$

は漸近的に高確率で成り立つことが知られている．サンプルサイズ n が十分に大きければ，（次元 k がそれ以上に大きくても），Lasso は y の予測にとって重要な変数 S を全て選択する可能性が高いということが言える．これは同時に，y の予測に不要な変数もある程度は選択し得ることを示唆する．結果的に，Lasso は必要以上に大きめの変数集合を選択することが知られている．その一方で，説明変数間に強い多重共線性が認められる場合，たとえそれらの変数が y の生成に関与していたとしても，（有限標本のもとでは）Lasso がその全てを選択するとは限らない．Lasso は y の予測に焦点を当てているため，同じような情報をもつ変数は 1 つあれば十分だと判断する可能性が高い．いずれにしても，Lasso による変数選択の結果を過度に信用することはあまり好ましくないだろう．

4.2　adaptive Lasso

これまで見てきた通り，Lasso は幾分かのバイアスを許容することで分散を減らし，結果的に優れた平均二乗誤差を達成することができる．一方で，Lasso は各 b_j に一律に同じ罰則を課しているため，過剰なバイアスを生む原因になっている．そこで，新たな目的関数

$$\|\boldsymbol{y} - \boldsymbol{X}\boldsymbol{b}\|_2^2 + \lambda\|\boldsymbol{w} \circ \boldsymbol{b}\|_1 \tag{4.4}$$

を考える．ただし，$\boldsymbol{w}$ は正の要素を持つウェイトベクトル，$\boldsymbol{w} \circ \boldsymbol{b}$ はアダマール積と呼ばれる要素ごとの積である．つまり，$\boldsymbol{w} \circ \boldsymbol{b} = (w_1 b_1, \dots, w_k b_k)'$ である．この目的関数を最小化する $\boldsymbol{b}$ を **adaptive Lasso 推定量** (Zou, 2006) といい，ここでは $\hat{\beta}_{ada}$ と表す．ウェイトベクトルの要素 w_j は，重要と思われる j については小さく，あまり重要でないと思われる j には大きくなるように設定する．これは各 $|b_j|$ について異なった正則化係数 $\lambda_j = \lambda w_j$ をかけていると理解すればよい．$\boldsymbol{w} = (1, \dots, 1)'$ とおくと Lasso 推定量に帰着する．よく用いられるウェイトは，β_j の何らかの一致推定量の逆数 $w_j = 1/|\hat{\beta}_j|$ である（よってこのとき adaptive Lasso は 2 ステップで構成される推定量となる）．これにより，重要と思われる変数 j，つまり $|\hat{\beta}_j|$ が大きかった j に対して小さいウェイトがかかる．反対に，$|\hat{\beta}_j|$ が小さかった j については大きなウェイトがかかり，adaptive Lasso 推定では選択されにくくなる．比較的次元が低い場合はウェイトに OLS 推定量を用いることが多く，高次元であれば Lasso 推定量や Ridge 推定量を用いる．ただし Lasso によりゼロと推定された j のウェイトは無限大となるため，次の adaptive Lasso では必ず除外されるので注意する必要がある．それを嫌う場合は Ridge 推定量を用いることもあるが，最も優れたウェイトの決め方というのは存在しない．いくつか試してみて，adaptive Lasso の推定値のふるまいを見ながら総合的に決める必要があるだろう．

4.2.1 オラクル性

β-min 条件 (4.3) のもと，adaptive Lasso は，漸近的に確率 1 で変数選択の一致性 (4.2) を満たす点である．これは一般に Lasso では達成できない性質であった．さらにいくつかの仮定に加えると，真のモデルに対応した係数の要素（つまり $j \in S$ なる β_j）について，adaptive Lasso 推定量は漸近正規性を満たすことが知られている．変数選択の一致性と漸近正規性を合わせて，adaptive Lasso は**オラクル性**を満たすという．これは真のモデル S がたとえ未知であっても，あたかも既知であるかのような結果が得られることによる．

この性質に従えば，adaptive Lasso で推定された $\hat{\beta}_j^{ada}$ がノンゼロであれば，$j \in S$ でありかつ漸近正規性を満たすことになる．この結果から，高次元モデルにおいても adaptive Lasso を用いれば理論上は仮説検定を行うことができる．しかし残念なことに，Leeb and Pötscher の一連の研究（例えば，Leeb and Pötscher, 2008）により，この正規近似は非常に精度が悪いことが知られているので注意が必要である．問題は，この漸近正規性が β-min 条件にインプライされる「完全な」変数選択を前提としている点である．漸近正規性が β-min 条件が満たされないことに対して非常に脆弱であることと，実際のデータがこの条件を真には満たし得ないことにより，実データにおいて不安定な正規近似がもたらされる．よって，最近では adaptive Lasso に基づく仮説検定は避けられる傾向にある．一方で，点推定の目的で使うぶんには問題ないだろう．

4.3　実証分析

4.3.1　R コード

R での実装を解説する前に，Ridge と Lasso のハイブリッドである Elastic Net を以下の通り定義する．

$$\hat{\boldsymbol{\beta}}_{EN} = \arg\min_{\boldsymbol{b} \in \mathbb{R}^k} \left[\|\boldsymbol{y} - \boldsymbol{X}\boldsymbol{b}\|_2^2 + \lambda\{\alpha\|\boldsymbol{b}\|_1 + (1-\alpha)\|\boldsymbol{b}\|_2^2\} \right], \qquad (4.5)$$

ただし $\alpha \in [0,1]$ は，分析者が事前に決めるべきパラメーターである．$\alpha = 1$ とすると Lasso で，$\alpha = 0$ とすると Ridge になる．その中間の値を選択することも可能である．一般に，非常に似た説明変数が複数個モデルに含まれる場合，Lasso はそのうちのいずれかのみを選択する傾向にある．そのようなあまりに極端な変数選択を避けたい場合，1 よりも小さい α を選択することで，状況が緩和されることがある．以下，Elastic Net に基づいた R での実装を紹介する．

```
labrary(glmnet)
y <- data[***]
X <- data[***]
a <- 1
```

Elastic Net のためのパッケージ glmnet をインストールし，library 関数で glmnet を呼び出しておく．変数 $\boldsymbol{X}$, $\boldsymbol{y}$ と α を定義する．a は (4.5) における α であり，a=1 で Lasso となる．正則化係数 λ を動かすにつれて回帰係数の推定値がどのように変化するかを見るためには，

```
result0 <- glmnet(X, y, alpha=a)
plot(result0, xvar="lambda", label=TRUE)
```

と書く．得られた図の横軸が $\log \lambda$ で，縦軸が各係数の推定値である．λ が大きくなるにつれてすべての推定値がゼロに縮小していく様子が観察できる（以後の図 4.2 を参照）．

「最適な」正則化係数 λ を交差検証によって選ぶ．K-分割交差検証はサンプルの分割に乱数を用いているため，毎回計算結果が異なる．再現性を担保する必要がある場合は，set.seed() でシードを固定する．

```
set.seed(1234)
result.cv <- cv.glmnet(X, y, alpha=a, nfolds=10)
plot(result.cv)
lam.min <- result.cv$lambda.min
```

cv.glmnet は自動的に最適な λ の候補となる列 $\{\lambda_1, \ldots, \lambda_M\}$ を生成し，各 λ_m に対する平均二乗誤差を計算する．その様子は，plot(result.cv) で観察できる（以後の図 4.1 を参照）．最適な λ を用いた場合の Lasso の推定結果は以下のようにして得られる．

```
result.min <- glmnet(X, y, alpha=a, lambda=lam.min)
coef(result.min)
```

4.3.2 データ

実データによる実証例として，日本の市町村における人口流出入について分析する．説明変数 $\boldsymbol{X}$ は各位町村の特性とし，従属変数 $\boldsymbol{y}$ に各市町村の人口増減率をとる．説明変数 $\boldsymbol{X}$ の構成に使用するデータは，「SSDSE-A」である．SSDSE-A とは，データサイエンス教育のための素材として公開されている SSDSE（教育用標準データセット，https://www.nstac.go.jp/SSDSE/）のうち，市区町村別の多分野データである．具体的には，人口に関するデータ

表 4.1 説明変数一覧

説明変数名	計算式
人口密度（人/km²）	総人口 /（可住地面積（ha）*100）
15 歳未満人口割合	15 歳未満人口 / 総人口 * 100
15〜64 歳未満人口割合	15〜64 歳未満人口 / 総人口 * 100
65 歳以上人口割合	65 歳以上人口 / 総人口 * 100
75 歳以上人口割合	75 歳以上人口割合 / 総人口 * 100
外国人人口割合	外国人人口 / 総人口 * 100
非水洗化人口割合	非水洗化人口 / 総人口（水洗化人口 + 非水洗化人口）* 100
平均世帯人数	一般世帯人員数 / 一般世帯数
単独世帯割合	単独世帯数 / 一般世帯数 * 100
高齢夫婦のみの世帯割合	高齢夫婦のみの世帯数 / 一般世帯数 * 100
高齢単身世帯割合	高齢単身世帯数（65 歳以上の者 1 人）/ 単独世帯数 * 100
65 歳以上の世帯員のいる核家族世帯割合	65 歳以上世帯員のいる核家族世帯数 / 核家族世帯数 * 100
一万世帯当たり可住地面積	（可住地面積（ha）*100）/（一般世帯数/10000）
人口千人あたり公民館数	公民館数 /（総人口（2018）/ 1000）
人口千人あたり図書館数	図書館数 /（総人口（2018）/ 1000）
人口千人あたり病院数	（一般病院数 + 一般診療所数+歯科診療所数）/（総人口（2018）/1000）
人口千人あたり各店舗数（小売，飲食，大型小売）	各店舗数 /（総人口/1000）
0〜4 歳人口千人あたり幼稚園・保育園数	（幼稚園数 + 保育所等数）/（0〜4 歳人口 / 1000）
5〜14 歳人口千人あたり小・中学校数	（小学校数 + 中学校数）/（5〜14 歳人口 / 1000）
15〜19 歳人口千人あたり高校数	高等学校数 /（15〜19 歳人口 / 1000）
65 歳以上人口千人あたり福祉施設数	事業所数（医療・福祉）/（65 歳以上人口 / 1000）
人口千人あたり医師数	医師数 /（総人口（2018）/1000）
各事業所割合	各事業所数 / 事業所数合計 * 100
従業者割合	各従業者数 / 従業者数合計 * 100
産業別就業者割合	各産業就業者数 / 第 1〜3 次産業就業者数合計 * 100
完全失業率	完全失業者数 /（就業者数 + 完全失業者数）* 100
女性就業率	就業者数（女）/ 15〜64 歳人口（女）* 100
経常収支比率	経常収支比率
実質公債費率	実質公債費率
歳出に占める各費用割合	各費用/歳出決済総額 * 100

や製造業，金融業，サービス業などの産業別の事業所数や従業者数といった経済基盤に関するデータ，歳出や歳入額などの行政基盤に関するデータなどが記録されている．次元は $k = 68$ である．具体的な構成は，表 4.1 を参照のこと．被説明変数 y には，「住民基本台帳に基づく人口，人口動態及び世帯数（以下，住民基本台帳）」を用いる．住民基本台帳は，人口動態について詳細にまとめられている総務省が毎年公表する統計データである．今回の分析では，2019 年の市区町村ごとの人口の社会増減率を y とした．

SSDSE-A は市区町村ごとのデータに加えて都道府県ごとの小計や郡ごとの小計，東京 23 区を除く政令指定都市の区（札幌市中央区など）のデータが含まれている．一方，住民基本台帳の市区町村別データはそれらの小計や政令指定都市の区のデータは含まれていない．そのため，SSDSE-A にのみ含まれているデータを削除し，両方のデータセットのデータをそろえた．その後，表 4.1 の説明変数の計算方法をもとに説明変数行列 X を作成した．

4.3.3 推定結果

表 4.2 に，サンプルサイズをそれぞれ $n = 60, 120, 180$ としたときの Lasso の推定結果をまとめている．まず，サンプルサイズの違いにより選ばれる変数がかなり異なっていることがわかる．解釈の難しい変数も多く選択されているように見える．

図 4.1 は，$n = 180$ のときの Lasso（左）と Ridge（右）における 10-分割交差検証による正則化係数 λ の選択の様子を表している．横軸が $\log \lambda$，縦軸がその λ に対応する MSE（検証誤差）である．対数をとっているのは見やすくするためである．図の上の数字は，各 λ を用いたときのノンゼロ $\hat{\beta}_j$ の個数であり，当然 λ が大きくなるにつれてノンゼロの個数は減っていく．各図に 2 本ずつ点線が引かれているが，左の点線が MSE を最小にする $\log \lambda$ で，右の点線はその最小値の 1 標準偏差周辺で最もスパースになる $\log \lambda$ である．通常は MSE を最小にする λ を選べばよい．実際，今回の分析では MSE を最小にする λ を用いている．

図 4.2 は，$n = 180$ のときの正則化係数 λ を変化させたときの Lasso（左）と Ridge（右）推定値の推移（ソリューションパス）を表している．正則化推

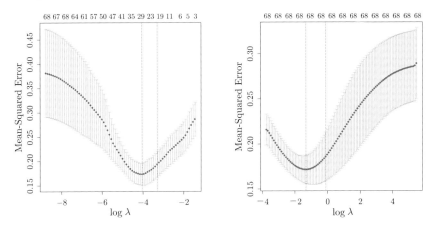

図 4.1 Lasso（左）と Ridge（右）における交差検証による正則化係数 λ の選択

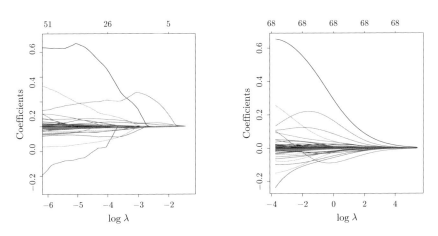

図 4.2 正則化係数 λ を変化させたときの Lasso（左）と Ridge（右）推定値の推移

定量は正則化係数 λ の関数であったので，その関数のふるまいを見ていると
いうことである．図の上の数字は，各 λ を用いたときのノンゼロ $\hat{\beta}_j$ の個数で
あり，当然 λ が大きくなるにつれてノンゼロの個数は減っていく．Lasso の各
パスは，λ がある値を超えるとゼロになっている．その一方で，Ridge は滑ら
かにゼロに縮小しているものの，正確にゼロになることはない．

表 4.2 Lasso 推定

説明変数	$n = 60$	$n = 120$	$n = 180$
(Intercept)	−0.1014	−0.4346	0.0938
人口密度	.	.	< 0.0000
15 歳未満人口割合	.	0.0195	0.0398
15 から 65 歳未満人口割合	.	.	.
65 歳以上人口割合	.	.	.
75 歳以上人口割合	.	.	.
外国人人口割合	.	.	.
非水洗化人口割合	.	.	0.0003
平均世帯人数	.	.	−0.0697
単独世帯割合	0.0139	.	0.0026
高齢夫婦のみの世帯割合	.	.	−0.0009
高齢単身世帯割合	−0.0028	−0.0020	−0.0088
65 歳以上の世帯員のいる核家族世帯割合	−0.0026	.	.
一万世帯当たり可住地面積	.	.	.
公民館数	.	.	−0.0200
図書館数	0.1368	.	.
病院数	.	0.1031	0.1287
小売店数	.	.	−0.0068
飲食店数	.	.	.
大型小売店数	.	.	0.4736
0 から 4 歳人口千人あたり幼稚園・保育園数	−0.0025	−0.0045	−0.0114
5 から 14 歳人口千人あたり小・中学校数	.	.	.
15 から 19 歳人口千人あたり高校数	−0.0995	−0.0341	−0.0373
65 歳以上人口千人あたり福祉施設数	.	.	.
人口千人あたり医師数	0.0744	.	0.0116
事業所数（民営）（農業，林業）	.	.	.
事業所数（民営）（漁業）	.	.	0.0228
事業所数（民営）（鉱業，採石業，砂利採取業）	.	−0.1632	.
事業所数（民営）（建設業）	.	.	−0.0006
事業所数（民営）（製造業）	.	.	.
事業所数（民営）（電気・ガス・熱供給・水道業）	0.2588	0.2359	0.2289
事業所数（民営）（情報通信業）	.	.	.
事業所数（民営）（運輸業，郵便業）	.	.	.
事業所数（民営）（卸売業，小売業）	0.0016	.	.
事業所数（民営）（金融業，保険業）	.	.	.

表 4.2　Lasso 推定（続き）

説明変数	$n=60$	$n=120$	$n=180$
事業所数（民営）（不動産業，物品賃貸業）	.	.	.
事業所数（民営）（学術研究，専門・技術サービス業）	.	.	.
事業所数（民営）（宿泊業，飲食サービス業）	.	.	.
事業所数（民営）（生活関連サービス業，娯楽業）	-0.0076	.	-0.0084
事業所数（民営）（教育，学習支援業）	.	0.0183	0.0498
事業所数（民営）（医療，福祉）	.	0.0066	.
事業所数（民営）（複合サービス事業）	.	.	.
従業者数（民営）（農業，林業）	.	.	0.0040
従業者数（民営）（漁業）	.	.	.
従業者数（民営）（鉱業，採石業，砂利採取業）	-0.0065	-0.0478	-0.0931
従業者数（民営）（建設業）	.	.	.
従業者数（民営）（製造業）	.	.	.
従業者数（民営）（電気・ガス・熱供給・水道業）	.	.	.
従業者数（民営）（情報通信業）	0.0223	0.0051	.
従業者数（民営）（運輸業，郵便業）	.	.	.
従業者数（民営）（卸売業，小売業）	0.0077	.	.
従業者数（民営）（金融業，保険業）	.	.	-0.0220
従業者数（民営）（不動産業，物品賃貸業）	.	.	-0.1080
従業者数（民営）（学術研究，専門・技術サービス業）	.	0.0216	0.0036
従業者数（民営）（宿泊業，飲食サービス業）	.	.	.
従業者数（民営）（生活関連サービス業，娯楽業）	.	.	.
従業者数（民営）（教育，学習支援業）	.	.	0.0006
従業者数（民営）（医療，福祉）	.	.	.
従業者数（民営）（複合サービス事業）	.	.	.
第1次産業就業者数	.	.	.
第2次産業就業者数	-0.0109	-0.0041	-0.0144
完全失業率	.	.	-0.0114
女性就業率	.	.	0.0043
経常収支比率	.	.	.
実質公債費率	-0.0063	-0.0073	-0.0114
民生費（市町村財政）	.	.	.
土木費（市町村財政）	0.0010	.	.
教育費（市町村財政）	.	.	.
災害復旧費（市町村財政）	-0.0966	-0.0057	-0.0365

　次に，$n = 188$ としたときの Lasso，Ridge，adaptive Lasso の推定結果
を比較する（表 4.3）．先ほどと同様，各正則化係数は 10-分割交差検証で選
んでいる．adaptive Lasso のウェイトは，Ridge 推定値の逆数として定めた．
adaptive Lasso では，Lasso よりも小さいモデルが選択されていることがわか
る．解釈の難しい変数も選択されているものの，病院数や大型小売店数の影響
が大きいことがうかがえる．

表 4.3　Lasso，Ridge，adaptive Lasso の比較

$n = 188$	Lasso	Ridge	adaptive Lasso
(Intercept)	0.444	0.352	0.644
人口密度	< 0.000	< 0.000	.
15 歳未満人口割合	0.036	0.016	0.061
15 から 65 歳未満人口割合	.	0.001	.
65 歳以上人口割合	.	−0.003	.
75 歳以上人口割合	.	−0.004	.
外国人人口割合	.	−0.009	.
非水洗化人口割合	.	0.001	.
平均世帯人数	−0.165	−0.088	−0.363
単独世帯割合	.	0.004	.
高齢夫婦のみの世帯割合	−0.002	−0.009	.
高齢単身世帯割合	−0.010	−0.003	−0.006
65 歳以上の世帯員のいる核家族世帯割合	.	−0.002	.
一万世帯当たり可住地面積	.	0.000	.
公民館数	.	−0.029	.
図書館数	.	0.219	.
病院数	0.096	0.093	0.189
小売店数	−0.004	−0.010	.
飲食店数	.	−0.004	.
大型小売店数	0.463	0.473	0.602
0 から 4 歳人口千人あたり幼稚園・保育園数	−0.012	−0.008	−0.011
5 から 14 歳人口千人あたり小・中学校数	.	−0.001	.
15 から 19 歳人口千人あたり高校数	−0.030	−0.028	−0.032
65 歳以上人口千人あたり福祉施設数	.	0.001	.
人口千人あたり医師数	0.014	0.017	0.012
事業所数（民営）（農業，林業）	.	0.013	.
事業所数（民営）（漁業）	0.023	0.031	0.020
事業所数（民営）（鉱業，採石業，砂利採取業）	.	−0.064	.
事業所数（民営）（建設業）	−0.002	−0.005	.
事業所数（民営）（製造業）	.	−0.005	.

表 4.3　Lasso, Ridge, adaptive Lasso の比較（続き）

$n = 188$	Lasso	Ridge	adaptive Lasso
事業所数（民営）（電気・ガス・熱供給・水道業）	0.214	0.120	0.252
事業所数（民営）（情報通信業）	.	0.022	.
事業所数（民営）（運輸業，郵便業）	.	< 0.000	.
事業所数（民営）（卸売業，小売業）	.	0.005	.
事業所数（民営）（金融業，保険業）	.	−0.044	.
事業所数（民営）（不動産業，物品賃貸業）	.	−0.001	.
事業所数（民営）（学術研究，専門・技術サービス業）	.	0.023	.
事業所数（民営）（宿泊業，飲食サービス業）	.	0.004	.
事業所数（民営）（生活関連サービス業，娯楽業）	−0.012	−0.011	−0.008
事業所数（民営）（教育，学習支援業）	0.057	0.034	0.061
事業所数（民営）（医療，福祉）	.	0.009	.
事業所数（民営）（複合サービス事業）	.	0.011	.
従業者数（民営）（農業，林業）	0.007	0.008	.
従業者数（民営）（漁業）	.	−0.002	.
従業者数（民営）（鉱業，採石業，砂利採取業）	−0.081	−0.074	−0.143
従業者数（民営）（建設業）	.	−0.002	.
従業者数（民営）（製造業）	.	0.001	.
従業者数（民営）（電気・ガス・熱供給・水道業）	.	0.052	.
従業者数（民営）（情報通信業）	.	0.004	.
従業者数（民営）（運輸業，郵便業）	.	0.003	.
従業者数（民営）（卸売業，小売業）	.	−0.001	.
従業者数（民営）（金融業，保険業）	−0.038	−0.035	−0.076
従業者数（民営）（不動産業，物品賃貸業）	−0.111	−0.071	−0.151
従業者数（民営）（学術研究，専門・技術サービス業）	0.005	0.007	.
従業者数（民営）（宿泊業，飲食サービス業）	.	0.001	.
従業者数（民営）（生活関連サービス業，娯楽業）	.	−0.002	.
従業者数（民営）（教育，学習支援業）	.	0.007	.
従業者数（民営）（医療，福祉）	.	−0.001	.
従業者数（民営）（複合サービス事業）	.	−0.004	.
第 1 次産業就業者数	.	0.002	.
第 2 次産業就業者数	−0.012	−0.006	−0.010
完全失業率	−0.007	−0.023	−0.003
女性就業率	0.005	0.004	.
経常収支比率	.	−0.003	.
実質公債費率	−0.012	−0.010	−0.013
民生費（市町村財政）	.	> 0.000	.
土木費（市町村財政）	.	0.001	.
教育費（市町村財政）	.	0.002	.
災害復旧費（市町村財政）	−0.038	−0.040	−0.052

── 第5章 ──
高次元における統計的推測：
多重検定

　低次元線形回帰モデルにおいては，最小二乗推定量の漸近正規性に基づいて仮説検定や信頼区間の構成を行うことができた．この章では，高次元回帰モデルのための漸近正規性を有する推定量として，バイアス修正済み Lasso 推定量を紹介する．さらに，高次元モデルの推測や変数選択において有用な，多重検定について学習する．

5.1　debiased Lasso 推定量

　これまで，Lasso 推定量 $\hat{\beta}_L$ は漸近正規性を満たさないものの，adaptive lasso 推定量 $\hat{\beta}_{ada}$ は漸近正規性を満たすことを見た．しかし近年，adaptive lasso 推定量の正規近似に基づく推測は，非常に脆弱であるということがわかってきた．こうしたなか，高次元線形回帰モデル

$$\boldsymbol{y} = \boldsymbol{X}\boldsymbol{\beta} + \boldsymbol{u} \tag{5.1}$$

における Lasso 推定量のバイアスを除去して漸近正規性をもたらそうという試みがなされた．**debiased**（バイアス修正済み）**Lasso 推定量** $\hat{\boldsymbol{\beta}}^*$ は次のように定義される．

$$\hat{\boldsymbol{\beta}}^* = \hat{\boldsymbol{\beta}}_L + \frac{1}{n}\hat{\boldsymbol{\Omega}}' \boldsymbol{X}' \left(\boldsymbol{y} - \boldsymbol{X}\hat{\boldsymbol{\beta}}_L\right). \tag{5.2}$$

ここで$\hat{\boldsymbol{\beta}}_L$は Lasso 推定量，$\hat{\boldsymbol{\Omega}}'\boldsymbol{X}'(\boldsymbol{y} - \boldsymbol{X}\hat{\boldsymbol{\beta}}_L)/n$はバイアス修正項，そして$\hat{\boldsymbol{\Omega}}$は $\boldsymbol{x}_i$ の分散共分散行列の逆行列 $\boldsymbol{\Omega}$ の一致推定量である．低次元の場合は単に $\hat{\boldsymbol{\Omega}} = (\boldsymbol{X}'\boldsymbol{X}/n)^{-1}$ と構成すればよいが，高次元の場合は $\boldsymbol{X}'\boldsymbol{X}$ の逆行列が存在しないため，工夫が必要となる．高次元での $\hat{\boldsymbol{\Omega}}$ の具体的な構成方法は後ほど解説するが，いずれにしても漸近的に $\hat{\boldsymbol{\Omega}}(\boldsymbol{X}'\boldsymbol{X}/n) \approx \boldsymbol{I}$ となるように構成する必要がある．この性質が満たされる限り，少なくとも $\hat{\boldsymbol{\beta}}^*$ の構成においては，$\hat{\boldsymbol{\Omega}}$ は必ずしも対称行列である必要はない．

　Lasso 推定量がスパース性を有する一方で，その Lasso 推定量にバイアス修正項を加えているため，debiased Lasso 推定量はスパースではなくなる．そのため，debiased Lasso は de-sparsified Lasso とも呼ばれる．あえてスパース性を捨てることで，漸近正規性を獲得しているのである．その意義は本質的である．Lasso 推定量がスパースであるとはいえ，前章の実証で見た通りその挙動は推定に用いるサンプルに強く依存し不安定であり，かつ理論的にも不要な変数を含む大きめのモデルを選択する可能性が高く，必ずしも解釈性に優れているとは言い切れない．一方で正規近似により検定が可能であれば，サンプルの背後の母集団との対話を通じてより安定的な推測が可能になる．このことについては，後ほどもう一度考察する．

5.1.1 漸近正規性

　さて，debiased Lasso 推定量 $\hat{\boldsymbol{\beta}}^*$ がなぜ漸近正規性を有するのか，その証明の概略を（インフォーマルな形で）見ていこう．$\hat{\boldsymbol{\beta}}^*$ の定義式 (5.2) に回帰モデル (5.1) を代入すると，

$$\hat{\boldsymbol{\beta}}^* = \hat{\boldsymbol{\beta}} + \frac{1}{n}\hat{\boldsymbol{\Omega}}'\boldsymbol{X}'\left(\boldsymbol{X}\boldsymbol{\beta} - \boldsymbol{X}\hat{\boldsymbol{\beta}} + \boldsymbol{u}\right)$$
$$= \hat{\boldsymbol{\beta}} + \frac{1}{n}\hat{\boldsymbol{\Omega}}'\boldsymbol{X}'\boldsymbol{X}\left(\boldsymbol{\beta} - \hat{\boldsymbol{\beta}}\right) + \frac{1}{n}\hat{\boldsymbol{\Omega}}'\boldsymbol{X}'\boldsymbol{u}.$$

この両辺から $\boldsymbol{\beta}$ を引いて整理し，$\sqrt{n}$ をかけると，

$$\sqrt{n}\left(\hat{\boldsymbol{\beta}}^* - \boldsymbol{\beta}\right) = \frac{1}{\sqrt{n}}\hat{\boldsymbol{\Omega}}'\boldsymbol{X}'\boldsymbol{u} + \boldsymbol{r}$$

を得る．ただし，

$$\boldsymbol{r} = \sqrt{n}\underbrace{\left(\boldsymbol{I} - \hat{\boldsymbol{\Omega}}'(\frac{1}{n}\boldsymbol{X}'\boldsymbol{X})\right)}_{\boldsymbol{R}_1}\underbrace{\left(\hat{\boldsymbol{\beta}} - \boldsymbol{\beta}\right)}_{\boldsymbol{r}_2}$$

とおいた．この $\boldsymbol{r}$ の漸近的挙動についてもう少し詳しく調べてみよう．いま，$\hat{\boldsymbol{\Omega}}$ の構成より，$\hat{\boldsymbol{\Omega}}'(\boldsymbol{X}'\boldsymbol{X}/n) \approx \boldsymbol{I}$ であった．さらに Lasso 推定量の性質から，モデルがスパースであればいくつかの仮定のもと，$\hat{\boldsymbol{\beta}} - \boldsymbol{\beta} \approx \boldsymbol{0}$ が言えた．したがって，$\boldsymbol{R}_1\boldsymbol{r}_2 \approx \boldsymbol{0}$ となる．$\boldsymbol{r}$ はさらに $\sqrt{n}$ 倍を含んでいるが，適当な条件のもと積 $\boldsymbol{R}_1\boldsymbol{r}_2$ はそれ以上に小さくなることが証明される．よって，$\boldsymbol{r} \approx \boldsymbol{0}$ が言える．これまでの議論をまとめると，

$$\sqrt{n}\left(\hat{\boldsymbol{\beta}}^* - \boldsymbol{\beta}\right) \approx \frac{1}{\sqrt{n}}\hat{\boldsymbol{\Omega}}'\boldsymbol{X}'\boldsymbol{u}$$

なる近似を得る．最後に，この右辺が漸近正規性を満たすことを確認する．このベクトルの第 j 要素に注目し，和記号を用いて書き換えると，

$$\sqrt{n}\left(\hat{\beta}_j^* - \beta_j\right) \approx \frac{1}{\sqrt{n}}\hat{\boldsymbol{\omega}}_j'\boldsymbol{X}'\boldsymbol{u} = \frac{1}{\sqrt{n}}\sum_{i=1}^n \hat{\boldsymbol{\omega}}_j'\boldsymbol{x}_i u_i$$

となる．ただし $\hat{\boldsymbol{\omega}}_j$ は $\hat{\boldsymbol{\Omega}}$ の第 j 列ベクトルである．最後の式より，誤差項 u_i が平均ゼロ，分散 σ^2 の i.i.d. 確率変数列であれば，$\boldsymbol{x}_i$ についての適当な仮定のもと**中心極限定理**より

$$\sqrt{n}\left(\hat{\beta}_j^* - \beta_j\right) \xrightarrow{d} N\left(0, v_j^2\right)$$

が成立する．ただし

$$v_j^2 = Var(\boldsymbol{\omega}_j'\boldsymbol{x}_i u_i) = E[u_i^2 \boldsymbol{\omega}_j'\boldsymbol{x}_i\boldsymbol{x}_i'\boldsymbol{\omega}_j] = \sigma^2\boldsymbol{\omega}_j'E[\boldsymbol{x}_i\boldsymbol{x}_i']\boldsymbol{\omega}_j = \sigma^2\omega_{jj} \quad (5.3)$$

である．よって，標準誤差 v_j^2 の一致推定量 $\hat{v}_j^2$ が得られれば，t 検定統計量 T_j が構成でき，その漸近正規性

$$T_j = \frac{\sqrt{n}\left(\hat{\beta}_j^* - \beta_j\right)}{\hat{v}_j} \xrightarrow{d} N(0, 1)$$

に基づいて仮説検定を行うことができる．

5.1.2 標準誤差の推定

統計的推測に不可欠な，標準誤差 v_j の推定を考える．定義式 (5.3) より，σ^2 と $\boldsymbol{\Omega}$ の一致推定量を与えればよい．

一般に，高次元回帰モデルにおける誤差項の分散 σ^2 の正確な推定は難しい．様々な推定量が提案されているが，ここでは Lasso 推定量に基づいてシンプルに

$$\hat{\sigma}_{\mathrm{R}}^2 = \frac{1}{n-\hat{s}} \sum_{i=1}^{n} \left(y_i - \boldsymbol{x}_i' \hat{\boldsymbol{\beta}}_L \right)^2$$

とする．ただし $\hat{s}$ は $\hat{\boldsymbol{\beta}}_L$ のノンゼロ要素の個数である．

次に $\boldsymbol{\Omega}$ の推定について考える．これも様々な方法が提案されているが，Javanmard and Montanari (2014) によるものがわかりやすい．彼らの方法は，$\boldsymbol{\Omega} = (\boldsymbol{\omega}_1, \ldots, \boldsymbol{\omega}_k)$ を列ごとに以下のように推定する．

$$\hat{\boldsymbol{\omega}}_j = \arg \min_{\boldsymbol{\omega} \in R^p} \boldsymbol{\omega}' \hat{\boldsymbol{\Sigma}} \boldsymbol{\omega}$$

$$\text{subject to } \|\hat{\boldsymbol{\Sigma}}\boldsymbol{\omega} - \boldsymbol{e}_j\|_{\max} \leq \mu \text{ for each } j = 1, \ldots, k.$$

ただし，$\hat{\boldsymbol{\Sigma}} = (\boldsymbol{X}'\boldsymbol{X})/n$，$\boldsymbol{e}_j$ は第 j 要素のみ 1 でそれ以外の要素が 0 の k 次元単位ベクトル，$\|\boldsymbol{a}\|_{\max} = \max_i |a_i|$，$\mu > 0$ はある正則化係数である．詳細は本書のレベルを超えるため，ここでは推定法を紹介するにとどめておく．

5.1.3 R コード

5.1.2 項で学んだ $\boldsymbol{\Omega}$ の推定方法を実行するための R コードを簡単に説明する．これを用いることで，debiased Lasso 推定値の計算も可能になる．必要なパッケージは selectiveInference である．

```
library(selectiveInference)
set.seed(1234)
n <- 50
k <- 100
X <- matrix(rnorm(n*k), n, k)
S <- t(X) %*% X / n
Omegah <- debiasingMatrix(S, FALSE, n, c(1,3))
```

library 関数でパッケージを読み込むことから始める．アルゴリズムの中で用いる乱数をコントロールするため，set.seed 関数でシードを固定している．ここではデータとして，$k = 100$ 次元の多変量標準正規分布 $N(\mathbf{0}, \boldsymbol{I}_k)$ からの $n = 50$ の独立サンプルによりランダム行列 $\boldsymbol{X}$（50 × 100）を生成し，その標本分散共分散行列を $\boldsymbol{S} = (\boldsymbol{X}'\boldsymbol{X})/n$ と定めている．これを用いて debiasingMatrix 関数で $\boldsymbol{\Omega} = \boldsymbol{I}_k$ を推定する．1 つめの引数で標本分散共分散行列を指定する．2〜3 番目の引数は，基本的にはこの通りに書いておけばよい．4 番目の引数は，$\boldsymbol{\Omega}$ のどの行を推定したいかを指定する．上の例では，$\boldsymbol{\Omega}$ の第 1 行と第 3 行のみを推定している．例えば c(1:k) とすれば，$\boldsymbol{\Omega}$ 全体の推定値が得られる．

5.2　多重検定

第 1 章で回帰モデルにおける検定問題を取り扱った．高次元回帰モデルにおいては，通常の有意性検定は debiased Lasso 推定量を用いて実行できることを学んだ．しかし，高次元特有の問題が生じるため，注意する必要がある．まずは通常の仮説検定の概念から簡単に復習する．

5.2.1　検定論の復習

回帰モデル

$$y = \beta_1 x_1 + \beta_2 x_2 + \cdots + \beta_k x_k + u$$

について，仮説の組

$$H_0 : \beta_j = 0 \quad versus \quad H_1 : \beta_j \neq 0 \tag{5.4}$$

を検定する．その結果はは H_0 を棄却するかしないかの 2 通りであり，以下の表 5.1 にまとめられる．検定に際し生じる 2 つの過誤を同時に小さくするような検定が望ましいが，両者はトレードオフの関係にあり，同時には下げられないことが知られている．そこで伝統的な検定の手続きでは，第 1 種の過誤の確率をあらかじめ与える**有意水準** α 以下にコントロールしたうえで，第 2 種

表 5.1 検定

	H_0 が真のとき	H_0 が偽のとき
検定が H_0 を棄却	**第1種の過誤**（偽陽性）	正しい判断
検定が H_0 を採択	正しい判断	**第2種の過誤**（偽陰性）

の過誤の確率 β を最小にする（つまり**検出力** $1-\beta$ を最大にする）ような検定が望まれる（**ネイマン・ピアソンの基準**）．図 5.1 は，t 統計量

$$T_j = \frac{\hat{\beta}_j}{se(\hat{\beta}_j)}$$

を用いた場合の検定について解説している．帰無分布 $N(0,1)$ の両裾にそれぞれ確率 $\alpha/2$ となる**棄却域**（つまり $(-\infty, -1.96] \cup [1.96, \infty)$）を設け，データから計算した T_j がこの棄却域に入った場合，H_0 を棄却し H_1 を採択する．

複数の係数に興味がある場合も検定を考えることが可能である．つまり，興味ある変数（係数）の集合 $J \subset \{1, \ldots, k\}$ について，

$$H_0 : すべての j \in J について \beta_j = 0 \quad versus$$

$$H_1 : ある j \in J について \beta_j \neq 0 \tag{5.5}$$

を検定することも可能である（詳細は省略するが，例えばワルド検定などを考えればよい）．高次元の場合でも，例えば debiased Lasso を経由したワルド検定が可能である．特に，興味の対象である J が比較的小さければ，問題は生じない．しかし J が大きい場合，従来の仮説検定はあまり有益ではないかもしれない．仮にワルド検定により帰無仮説が棄却されたとしても，「ある $j \in J$ について」$\beta_j \neq 0$ であると主張できるだけで，実際にどの β_j $(j \in J)$ がゼロでありノンゼロであるのかについては全くわからない．そこで，仮説 (5.5) に代わって仮説の列

$$各 j \in J について \quad H_0^j : \beta_j = 0 \quad versus \quad H_1^j : \beta_j \neq 0 \tag{5.6}$$

を考える．これは1つ1つの係数が0かどうかを検定していくことになるた

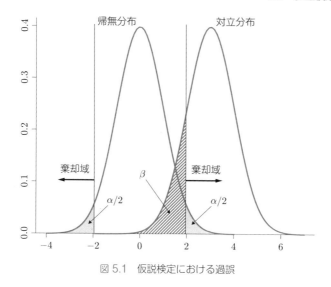

図 5.1 仮説検定における過誤

め，これまで述べてきた検定仮説とは異なる．これを**多重検定**（多重比較）と
呼ぶ．

5.2.2 ファミリーワイズエラー率

議論を単純にするため，仮説の列 (5.6) において $J = \{1, \ldots, k\}$ とし，すべ
ての係数についての多重検定を考える．仮説の列 (5.6) について，前章と同様
に S，$\hat{S}$ を定義する．つまり，$S = \{j : H_1^j$ が真 $\}$ とし，$\hat{S}$ を多重検定を経
て有意と判定された集合 $\hat{S} = \{j : H_0^j$ が棄却 $\}$ とする．また S の要素の個数
を s とする．このとき，従来の検定と同様に 2 種類の誤りが考えられる．1 つ
は「不要な j を採択」してしまう第 1 種の過誤（$S^c \cap \hat{S}$）であり，もう 1 つは
「必要な j を棄却」してしまう第 2 種の過誤（$S \cap \hat{S}^c$）である．表 5.2 は，そ
の結果をまとめている．

多重検定では，「少なくとも 1 つの j について，第 1 種の過誤が起きる確
率」を**ファミリーワイズエラー率**（family-wise error rate, FWER）と定義
する．つまり，

表 5.2 多重検定

	H_0^j が真 (S^c)	H_0^j が偽 (S)	合計
H_0^j を棄却 ($\hat{S}$)	$\|S^c \cap \hat{S}\|$（第 1 種の過誤）	$\|S \cap \hat{S}\|$	$\|\hat{S}\|$
H_0^j を採択 ($\hat{S}^c$)	$\|S^c \cap \hat{S}^c\|$	$\|S \cap \hat{S}^c\|$（第 2 種の過誤）	$\|\hat{S}^c\|$
合計	$\|S^c\| = k - s$	$\|S\| = s$	k

$$\mathrm{FWER} = P(|S^c \cap \hat{S}| \geq 1).$$

1 つ 1 つの検定において有意水準を α として k 回の検定を繰り返すとき，FWER とは少なくとも 1 回は第 1 種の過誤が生じる確率なので，

$$\mathrm{FWER} = 1 - (1 - \alpha)^{k-s} \leq 1 - (1 - \alpha)^{k}$$

となる．一般に s は未知なので，FWER のコントロールにはこの上限 $1 - (1 - \alpha)^k$ を用いる．例えば $\alpha = 0.05$ のとき，$k = 10$ とすると $1 - (1 - \alpha)^k \approx 0.401$，$k = 30$ では $1 - (1 - \alpha)^k \approx 0.785$ となり，k が大きくなるにつれ FWER の上限は 1 に近づく．

5.2.3 Bonferroni 法

FWER をコントロールするための簡単な方法は，**Bonferroni 法**（Bonferroni, 1935）として知られている．方法は非常に簡単で，FWER $\leq \alpha$ としたい場合は単に各仮説検定の有意水準を α/k とすればよい．実際，そのときの FWER は

$$\mathrm{FWER} \leq 1 - \left(1 - \frac{\alpha}{k}\right)^k \approx 1 - e^{-\alpha} < \alpha$$

となり，FWER は α 以下にコントロールできる．

同じことだが，次のように考えてもよい．各仮説検定における p 値を p_j，各検定の有意水準を α/k とすると，$\hat{S} = \{j = 1, \dots, k : p_j \leq \alpha/k\}$ である．よって $S^c \cap \hat{S} = \{j \in S^c : p_j \leq \alpha/k\}$ なので，

$$\text{FWER} = P(|S^c \cap \hat{S}| \geq 1) = P\left(\bigcup_{j \in S^c} \left\{j : p_j \leq \frac{\alpha}{k}\right\}\right)$$

$$\leq |S^c| \max_{j \in S^c} P\left(p_j \leq \frac{\alpha}{k}\right) = (k-s)\frac{\alpha}{k} \leq \alpha$$

と評価することができる．ただし 1 つめの不等号はブールの不等式（ユニオンバウンド）により，次の等号は p 値が帰無仮説のもとで一様分布することにより，それぞれ従う．

このように Bonferroni の方法は非常に簡単に応用できるが，実は高次元モデルにおいては問題が生じる．例えば $k = 100$ のとき，この多重検定のFWER を 10% 以下にコントロールしたい場合，各々の仮説は有意水準 0.1/100（$\alpha = 0.1\%$）で検定する必要がある．これはかなり「保守的」な変数選択であることを意味する．つまり，多くの帰無仮説は棄却されにくくなり，結果として低い検出力に繋がる可能性が高い．ただし，多重検定の検出力は，以下で定義される．

$$\text{Power} = E\left[\frac{|S \cap \hat{S}|}{|S|}\right].$$

5.2.4 FDR と BH 法

FWER コントロールにおける低検出力の問題を背景に，Benjamini and Hochberg (1995) は第 1 種の過誤をコントロールするための新たな指標として，次の**偽発見率**（false discovery rate, FDR）を提案した．

$$\text{FDR} = E\left[\frac{|S^c \cap \hat{S}|}{|\hat{S}|}\right].$$

ここで，この期待値の中身を偽発見割合（false discovery proportion, FDP）と呼ぶ．FDR は常に FWER よりも小さくなるため，こちらを第 1 種の過誤をコントロールする際の指標にすることで，より高い検出力が期待できる．

この FDR をコントロールするための 1 つの方法は，**Benjamini-Hochberg 法**（BH 法）として知られている．いま k 個の仮説組 (5.6) に対して，

（OLS や debiased Lasso に基づく t 検定などにより）各々の p 値 $p_1, \ldots, p_k$ が得られたとする．FDR をコントロールしたい水準を $q \in (0,1)$ とし，以下を実行する．

(1) 小さい順に k 個の p 値を並べ替え，$p_{(1)} \leq \cdots \leq p_{(k)}$ とする．

(2) あらかじめ決めた $q \in (0,1)$ に対して，

$$j^* = \max\left\{ j = 1, \ldots, k : p_{(j)} \leq \frac{qj}{k} \right\} \tag{5.7}$$

を計算する．つまり，並べ替えた p 値のうち最も大きい $p_{(k)}$ から順に見ていき，はじめて $p_{(j)} \leq qj/k$ を満たす j を j^* と定める．

(3) $p_j \leq p_{(j^*)}$ を満たす j に対応する H_0^j をすべて棄却する．

いくつかの仮定のもと，この結果得られる変数の集合 $\hat{S} = \{j : p_j \leq p_{(j^*)}\}$ は，FDR を q 以下にコントロールすることが知られている．

ここではフォーマルな証明は与えないが，直観的には以下のように考えることができる．$\hat{S}$ の FDP について

$$\mathrm{FDP} = \frac{|S^c \cap \hat{S}|}{|\hat{S}|}$$

$$= \frac{|S^c|}{j^*} \cdot \frac{1}{|S^c|} \sum_{j \in S^c} 1\left\{ p_j \leq p_{(j^*)} \right\} \tag{5.8}$$

$$\leq \frac{|S^c|}{j^*} \cdot \frac{1}{|S^c|} \sum_{j \in S^c} 1\left\{ p_j \leq \frac{qj^*}{k} \right\} \tag{5.9}$$

$$\approx \frac{|S^c|}{j^*} \cdot E\left[1\left\{ p_j \leq \frac{qj^*}{k} \right\} \right] \tag{5.10}$$

$$= \frac{|S^c|}{j^*} \cdot P\left(p_j \leq \frac{qj^*}{d} \right) \tag{5.11}$$

$$\approx \frac{|S^c|}{j^*} \cdot \frac{qj^*}{k} \leq q. \tag{5.12}$$

ただし期待値 E と確率 P は帰無仮説のもとで取られている．各ステップを見ていこう．(5.8) 式は，BH 法の構成より $j^* = |\hat{S}|$ であることと $|S^c \cap \hat{S}|$ のベルヌーイ確率変数の和としての書き換えにより従う．(5.9) の不等式は，j^* の定義式 (5.7) より $p_{(j^*)} \leq qj^*/k$ が成り立つことと指示関数の単調性より従う．

(5.10) 式の近似は，$|S^c|$ が大きいと仮定したときの大数の法則による（正確には，各帰無仮説のもとでの統計量が互いに独立である必要がある）．(5.11) 式は，ベルヌーイ確率変数の期待値の書き換えである．(5.12) 式の近似は，帰無仮説のもとで p 値が一様分布することから成り立つ（j^* を定数とみなしているため厳密ではない）．最後の不等式は，単に $|S^c| = k - s$ であることを用いた．最後に期待値をとれば FDR $\leq q$ が言える．

5.2.5　実証分析

多重検定の実証例を見てみよう．García-Arenzana et al.(2014) は，スペイン人女性の乳腺濃度と 25 食品との関連性を回帰分析により調べた．乳腺濃度は乳がんのリスクファクターとして知られている．回帰分析の結果，25 食品の p 値を得た．表 5.3（次頁）は小さい順に並べ替えた p 値と qj/k をまとめたものである．ここではターゲットとなる FDR 水準を $q = 0.25$ と設定している．図 5.2 はこれを可視化したものである．

図 5.2 には，小さい順に並べ替えた 25 個の p 値のプロットと原点を通る傾き $q/k = 0.01$ の直線が描かれている．大きい p 値から順に見ていき，はじめてこの直線以下になる点は $p_{(6)}$ であるので，この点を含めそれより小さい p

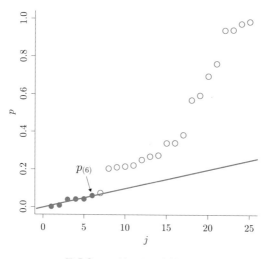

図 5.2　BH 法による変数選択

表 5.3　推定結果（García-Arenzana et al. (2014), p.99 より）

食品	p 値	順位	qj/k
総カロリー	<0.001	1	0.010
オリーブオイル	0.008	2	0.020
牛乳	0.039	3	0.030
鶏肉・魚・豚肉	0.041	4	0.040
たんぱく質	0.042	5	0.050
ナッツ	0.060	6	0.060
シリアルとパスタ	0.074	7	0.070
白身魚	0.205	8	0.080
バター	0.212	9	0.090
野菜	0.216	10	0.100
スキムミルク	0.222	11	0.110
牛肉・羊肉	0.251	12	0.120
果物	0.269	13	0.130
卵	0.275	14	0.140
青魚	0.34	15	0.150
豆	0.341	16	0.160
炭水化物	0.384	17	0.170
じゃがいも	0.569	18	0.180
パン	0.594	19	0.190
脂肪	0.696	20	0.200
菓子	0.762	21	0.210
乳製品	0.94	22	0.220
セミスキムミルク	0.942	23	0.230
総肉	0.975	24	0.240
加工肉	0.986	25	0.250

値に対応する帰無仮説 $H_0^{(1)}, \ldots, H_0^{(6)}$ を棄却（つまり変数 $x_{(1)}, \ldots, x_{(6)}$ を選択）する．青く塗りつぶした点（総カロリー，オリーブオイル，牛乳，鶏肉・魚・豚肉，たんぱく質，ナッツ）がそれに該当する．ここでは p 値のみを見ているため，この結果だけでは胸腺密度を増やすのか減らすのかはわからない点には注意が必要である．

── 第6章 ──
統計手法が正しく機能するか調べる： モンテカルロ実験

　ある理論が本当に正しいのか調べたい時，物理や化学のような自然科学では実験を行って検証する．統計学に関しては，特に本書で扱う経済や経営といった社会科学の統計分析では，実験は難しそうに思える．「社会」という複雑な構造体を実験の中で再現することはできないからだ．

　だが統計学でもある種の実験は可能である．そもそも，統計学の重要な役割の1つは複雑なものを単純化することにある．複雑な分析対象を厳密に描写するのではなく，単純な形で描写できる特徴だけを抜き出し，残りの部分は誤差と扱う．1章で扱う線形回帰モデル $y_i = \beta_1 + \beta_2 x_{2i} + \varepsilon_i$ はその典型だ．y_i の単純な特徴を $\beta_1 + \beta_2 x_{2i}$ で描写し，残りは誤差項 ε_i とする．

　こうした統計モデルなら実験で再現できる．例えば上述の線形回帰モデルなら，x_{2i} と ε_i の仮想データをコンピューターの何らかの乱数で生成し，$\beta_1 = 5 \cdot \beta_2 = 3$ といった仮想の値で $y_i = 5 + 3x_{2i} + \varepsilon_i$ の計算式で y_i を計算すれば，仮想の実験データ (x_i, y_i) が得られる．後は，この実験データ (x_i, y_i) でモデルの推定や検定を行い，「β_2 の正しい値は3なので，推定値 $\hat{\beta}_2$ もちゃんと3になっているか」とか「β_2 の正しい値は3なので，$H_0 : \beta_2 = 0$ $H_1 : \beta_2 \neq 0$ を検定したらちゃんと H_0 を棄却してくれるか」といったことを調べれば良い．

　このようにしてコンピューターのシミュレーションで統計手法の機能を調べる実験手法を**モンテカルロ実験**と呼ぶ．様々な使い道があるが，本章では t 検

定の性能評価に焦点を絞る.

6.1 期待値の検定のモンテカルロ実験

説明の簡単化のため，まずは期待値の t 検定を考える.

6.1.1 母集団が正規分布の場合

正規母集団から得たデータ y_i に対し，有意水準 α で次の t 検定を行う.

$$y_i \sim i.i.d.N(\mu, \sigma^2), \ i = 1, \cdots, n \tag{6.1}$$

$$\begin{cases} \text{検定問題：} H_0 : \mu = \mu_0 \ \ H_1 : \mu \neq \mu_0 \\ \text{検定統計量：} t = \frac{\hat{\mu} - \mu_0}{\hat{\sigma}/\sqrt{n}} \overset{H_0}{\sim} t(n-1) \\ \text{臨界値：} \pm t_{\alpha/2}^{(n-1)} \\ \text{棄却域：} -t_{\alpha/2}^{(n-1)} \text{より小さい領域と} t_{\alpha/2}^{(n-1)} \text{より大きい領域} \end{cases}$$

ここで，$\hat{\mu} = \frac{1}{n}\sum y_i = \bar{y}$, $\hat{\sigma} = \sqrt{\frac{1}{n-1}\sum(y_i - \bar{y})^2}$ である．$t(n-1)$ は自由度 $n-1$ の t 分布で，$t_{\alpha/2}^{(n-1)}$ はその上側 $(\alpha/2) \times 100\%$ 点である．$\overset{H_0}{\sim}$ との記法は「H_0 が正しい時の分布」，つまり**帰無分布**を示す.

このt検定が正しく機能するかをモンテカルロ実験で調べる．検定の機能とは，第1種の誤り（H_0 が正しい時に，誤って H_0 を棄却してしまう確率）と第2種の誤り（H_1 が正しい時に，誤って H_0 を採択してしまう確率）で評価される．第1種の誤りは有意水準のことである.

■ モンテカルロ実験での有意水準の計測

まずは有意水準について調べる．有意水準が例えば $\alpha = 0.05$ なら，理論上は H_0 が正しい時に H_0 を5%の確率で棄却することになる．ここが正しく機能するかをモンテカルロ実験で調べるには，「H_0 が正しい状態の実験データを100回作り，t 検定を100回行って，その内の5回で H_0 が棄却された」ことを確認すれば良い．よって，実験は以下のように行う.

step.1 各種のパラメーター値を設定する．(6.1) 式で $\mu = 5$, $\sigma^2 = 4$, $n =$

10とする．H_0 が正しい状態にするため，$\mu_0 = 5$ とする．また，$\alpha = 0.05$ とする．

step.2 step.1 で設定した $y_i \sim i.i.d.N(5,4)$，$i = 1, \cdots, 10$ との式とコンピューターの正規乱数で実験データを作成する．この式は**データ生成過程** (data generating process, DGP) と呼ばれる．

step.3 step.2 の実験データで $H_0 : \mu = 5$ $H_1 : \mu \neq 5$ を検定する．$t = \frac{\hat{\mu} - 5}{\hat{\sigma}/\sqrt{n}}$ を計算し，臨界値 $\pm t_{0.05/2}^{(9)} = \pm 2.2622$ を超えたら H_0 を棄却する．

step.4 step.2~3 を R 回繰り返し，H_0 が棄却された回数を数える．

今回の実験では $R = 1$ 万とし，1 万回中で H_0 が棄却されたのは 489 回（割合では 4.89%）だった．実験設定の有意水準 5% と棄却割合 4.89% が十分近いので，t 検定が正しく機能したと言える．理論上は $R \to \infty$ とすると実験での棄却割合は有意水準 α に一致するので，R が大きい方が実験の精度は上がる．

この実験で計算した 1 万個の t のヒストグラムと帰無分布 $t \overset{H_0}{\sim} t(9)$ の確率密度関数 (probability density function, pdf) を図 6.1 に描いた．ヒストグラムと pdf はよく似ており，理論上は $R \to \infty$ で両者は一致する．1 万個の t は H_0 が正しい状態で計算したので，帰無分布を再現している．$t(9)$ という帰無分布は（紙と鉛筆で）解析的に導出されたのだが，モンテカルロ実験というコンピューターシミュレーションでも描き出せるということだ．

以上のことは，付属の R コード "monte.r" で再現できる．ただし，乱数を用いるため，「棄却回数が 489 回」なことを必ず再現できるわけではないことに注意されたい．理論上は，$R \to \infty$ とすれば乱数による棄却回数のぶれは無くなる．

■ モンテカルロ実験での検出力の計測

続いて第 2 種の誤りを考えるが，モンテカルロ実験では第 2 種の誤りを犯さない確率，つまり「H_1 が正しい時に，正しく H_0 を棄却する確率」を計測するのが一般的だ．これは検出力と呼ばれ，数式で書くと，H_1 が正しい時に t が棄却域に落ちる確率ということで以下のようになる．

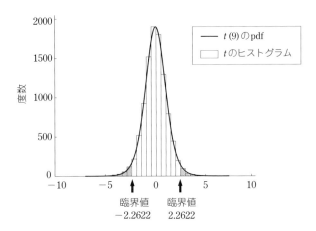

図 6.1 1万個の t のヒストグラムと $t(9)$ の pdf（H_0 が正しい時）
DGP：$y_i \sim i.i.d. N(5,4)$，検定問題：$H_0 : \mu = 5$ $H_1 : \mu \neq 5$，$n = 10$
注）ヒストグラムの青色部分が棄却域に落ちた t を示す．この部分が 489 個だった．

$$検出力 = 1 - 第2種の誤り = P\left(t < -t^{(n-1)}_{\alpha/2} \text{ or } t > t^{(n-1)}_{\alpha/2} \Big| H_1 \right) \quad (6.2)$$

「$|H_1$」は，H_1 が正しい時との意味だ．検出力は，当然，高い方が望ましい．

検出力を計測するには，H_1 が正しい状態の DGP でデータを何回も生成して t 検定を行い，H_0 が棄却された回数を調べれば良い．今の検定問題は $H_0 : \mu = 5$ $H_1 : \mu \neq 5$ なので，H_1 が正しい DGP を $y_i \sim i.i.d. N(4,4)$ としてみる．DGP をこれに変える以外は，上記の step.1~4 と同じことを行う．

この実験では，1万回中で H_0 が棄却されたのは 2,928 回だった．設定では H_1 が正しいので H_0 は棄却されるべきだが，実際に棄却できたのは 29.28%（すなわち検出力は 29.28%）だったということだ．そして，これが「理論的に正しい検出力」に十分近ければ t 検定は正しく機能したことになる．

こちらの検出力は，(6.2) 式に今回の臨界値を当てはめると $P(t < -2.2622$ or $t > 2.2622 | H_1)$ となり，後はここの「t」に H_1 が正しい時の分布（つまり**対立分布**）を代入すれば計算できる．対立分布を得るため，まず帰無分布の導出を復習する．t を以下のように変形し，

$$t = \frac{\hat{\mu} - \mu_0}{\hat{\sigma}/\sqrt{n}} = \frac{\hat{\mu} - \mu_0}{\hat{\sigma}/\sqrt{n}} \times \frac{\left(\frac{1}{\sigma/\sqrt{n}}\right)}{\left(\frac{1}{\sigma/\sqrt{n}}\right)} = \frac{\left(\frac{\hat{\mu}-\mu_0}{\sigma/\sqrt{n}}\right)}{\hat{\sigma}/\sigma} = \frac{\left(\frac{\hat{\mu}-\mu_0}{\sigma/\sqrt{n}}\right)}{\sqrt{\frac{(n-1)\hat{\sigma}^2}{(n-1)\sigma^2}}} \tag{6.3}$$

最終項の分子の $\hat{\mu}$ に $\hat{\mu} \overset{H_0}{\sim} N(\mu_0, \sigma/\sqrt{n})$, 分母に $(n-1)\hat{\sigma}^2/\sigma^2 \sim \chi^2(n-1)$ ($\chi^2(n-1)$ は自由度 $n-1$ のカイ 2 乗分布を示す) を代入すると以下を得る[1].

$$t \overset{H_0}{\sim} \frac{N(0,1)}{\sqrt{\chi^2(n-1)/(n-1)}} = t(n-1)$$

H_0 が正しいと t の分子がちょうど $N(0,1)$ になるのがポイントだ. 対立分布を求めるには, H_1 が正しい時の μ の値を μ_1 として, (6.3) 式の最終項の分子にある $\hat{\mu}$ に $\hat{\mu} \overset{H_1}{\sim} N(\mu_1, \sigma/\sqrt{n})$ を代入すると以下のようになる.

$$t \overset{H_1}{\sim} \frac{N\left(\left(\frac{\mu_1-\mu_0}{\sigma/\sqrt{n}}\right), 1\right)}{\sqrt{\chi^2(n-1)/(n-1)}} = \frac{N(0,1)+\delta}{\sqrt{\chi^2(n-1)/(n-1)}} = t_\delta(n-1), \quad \delta = \frac{\mu_1-\mu_0}{\sigma/\sqrt{n}}$$

H_1 が正しいと, 帰無仮説での設定値 μ_0 と μ_1 が異なる分だけ, t の分子が $N(0,1)$ からずれてしまう. このずれが δ で, この時の分布 $t_\delta(n-1)$ を**非心 t 分布** (non-central t distribution) と呼ぶ[2]. これが対立分布である.

よって, 今回の実験設定 $\delta = (4-5)/(2/\sqrt{10}) = -1.5811$ を代入して $P(t_{-1.5811}(9) < -2.2622 \text{ or } t_{-1.5811}(9) > 2.2622|H_1) = 0.2932$ と計算できる.

以上より, 理論的な検出力 29.32% と実験での検出力 29.28% が十分近いので, t 検定は正しく機能したと言える. 図 6.2 はこの実験で得た 1 万個の t のヒストグラムで, 理論上は $R \to \infty$ でヒストグラムは $t_{-1.5811}(9)$ に一致し, 実験での検出力は理論的な検出力に一致する. 対立分布 $t_{-1.5811}(9)$ と帰無分布 $t(9)$ が離れる分だけ検出力が計上されることもこの図から見てとれる.

■ まとめと用語の整理

以上のように, モンテカルロ実験のアイデアは, コンピューターの乱数で作成した実験データで実験対象の統計手法を繰り返し (通常は R=数千 ~1 万

---

1) 導出の詳細は野田・宮岡 (1992) 等を参照のこと.

2) 「非心」とは中心が 0 からずれていることを表し, ずれの幅 δ と自由度 $n-1$ が分布のパラメーターとなる. pdf や期待値といった詳細は蓑谷 (2003) 等を参照のこと.

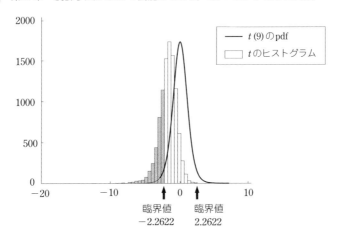

図 6.2 1 万個の t のヒストグラムと $t(9)$ の pdf（H_1 が正しい時）
DGP：$y_i \sim i.i.d.N(4, 4)$，検定問題：$H_0 : \mu = 5$ $H_1 : \mu \neq 5$，$n = 10$
注）ヒストグラムの青色部分が棄却域に落ちた t を示す．この部分が 2928 個だった．

程度で十分）実行することである．検定手法に対する実験なら，H_0 が正しい DGP を使えば有意水準，H_1 が正しい DGP を使えば検出力，を計測できる．

ところで，モンテカルロ実験では有意水準に 2 つの種類が出てくる．実験での設定値（今回なら $\alpha = 0.05$）と実験で計測された棄却割合（今回なら 4.89％）だ．これらを区別するため，前者を**名目サイズ**（nominal size），後者を**経験サイズ**（empirical size）と呼ぶ．有意水準は英語で significance level だが，有意水準は検定のサイズ（size of a test）とも言われるので「サイズ」なる用語を使う．名目サイズは「分析者が指定した有意水準」，経験サイズは「実験で実測された有意水準」との意味だ．

検出力でも同様に，理論的に正しい検出力（今回なら 29.32％）を**理論検出力**（theoretical power），実験での棄却割合（今回なら 29.28％）を**経験検出力**（empirical power）と呼んで区別する．理論検出力は「実験設定での検出力の理論値」，経験検出力は「実験で実測された検出力」との意味である．

名目・理論値と実測値の一致を確かめるのが実験の基本となる．

6.1.2 母集団の分布が不明な場合（標本数がある程度大きい時）

前項は基本ケースの正規母集団を考えたが，現実の経済や経営のデータが正規分布とは限らない．本項では現実のデータに基づき正規性を緩めていく．

2019年12月にある人が東京都中野区のJR東中野駅周辺に引っ越しを検討し，本書の付属データ[3]で広告掲載開始年月日が2019年12月8日〜14日の物件データ（当該物件は170件）を得たとする．この170物件は"yachinn-data.xlsx"にまとめてある．そして平均家賃が10万円未満なら引っ越すこととして，母集団を東中野エリアの全ての賃貸物件として期待値の検定を行う．ただ，170件の家賃のヒストグラム（図6.3）は大きく右に歪み，母集団は非正規と見られる．右に歪む分布はガンマ分布やF分布等があるが，分布形の特定は難しい問題だ．

そこで，家賃母集団の分布形は不明として，以下のt検定を行う．

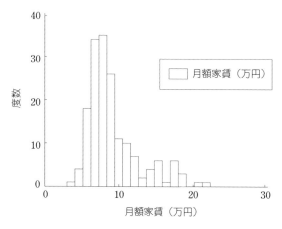

図6.3　170件の月額家賃のヒストグラム
注）付属データでは単位は円だが，ここでは単位を万円としている．

---

3)　本書にはJR東中野駅周辺エリアでの賃貸物件データが付属している．web広告のデータで，物件の広告掲載開始・終了年月日，月額家賃，床面積，築年数，駅徒歩，等である．https://www.kyoritsu-pub.co.jp/bookdetail/9784320125193 よりダウンロード可能．

月額家賃 $y_i \sim i.i.d.(\mu, \sigma^2), \ i = 1, \cdots, n$

$$\begin{cases} \text{検定問題：} H_0 : \mu = 10 \ \ H_1 : \mu < 10 \\[2mm] \text{検定統計量：} t = \frac{\hat{\mu} - 10}{\hat{\sigma}/\sqrt{n}} \overset{H_0, a}{\sim} N(0, 1) \\[2mm] \text{臨界値：} -z_\alpha \quad (z_\alpha \text{は } N(0,1) \text{ の上側} \alpha \times 100\%) \\[2mm] \text{棄却域：} -z_\alpha \text{より小さい領域} \end{cases} \tag{6.4}$$

平均家賃が 10 万円未満であると立証するために $H_1 : \mu < 10$ なる片側検定を行う．「$\overset{H_0, a}{\sim}$」との記法は「H_0 が正しい状態での漸近的な分布」を示し，「a」は asymptotic（漸近的）の頭文字だ．母集団分布が不明だと t の帰無分布も不明となるが，n が十分大きい（つまり漸近的，大標本）なら中心極限定理により $N(0,1)$ となる．漸近分布が正規分布となる性質を**漸近正規性**と呼ぶ．

この大標本 t 検定を有意水準 $\alpha = 0.05$ で行うと，

$$t = \frac{\hat{\mu} - 10}{\hat{\sigma}/\sqrt{170}} = -2.8984 \tag{6.5}$$

となって臨界値 $-z_{0.05} = -1.6449$ を下回るので H_0 を棄却する．ただ，今回の $n = 170$ が $t \overset{H_0, a}{\sim} N(0, 1)$ の成立に十分なほど大きいか疑念がある．不十分だと検定が正しく機能しないだろう．ここをモンテカルロ実験で調べる．

■ 経験サイズの計測

実験法は基本的に前項と同じだが，DGP に工夫が要る．まず，右への歪みを再現するためにガンマ分布 $G(a, b)$ を使う[4]．さらに，$H_0 : \mu = 10$ が正しい状態と $H_1 : \mu < 10$ が正しい状態の 2 パターンでデータを生成するために，DGP では定数 c を加えて期待値 μ を制御する．

$$y_i \sim i.i.d.G(a, b) + c, \ \ i = 1, \cdots, n \tag{6.6}$$

期待値は $\mu = E(G(a, b)) + c = ab + c$ となる．実験は以下のように行う．

step.1　各種のパラメーター値を決める．$a = 2.5$，$b = 2.3$，$c = 4.25$ とする

---

4)　a と b がパラメーターで，期待値 ab，分散 ab^2，歪度 $2/\sqrt{\alpha}$．詳細は蓑谷 (2003) 等参照．

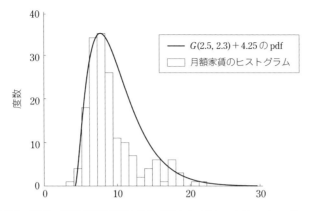

図 6.4 実データの月額家賃のヒストグラムと $G(2.5, 2.3) + 4.25$ の pdf

と，$H_0 : \mu = 10$ が正しい状態となる[5]．$n = 170$，$\alpha = 0.05$ とする．

step.2 step.1 のパラメーター値と (6.6) 式でデータを生成する．

step.3 step.2 の実験データで $H_0 : \mu = 10$ $H_1 : \mu < 10$ を検定する．$t = \frac{\hat{\mu} - 10}{\hat{\sigma}/\sqrt{n}}$ を計算し，臨界値 $-z_{0.05} = -1.6449$ 未満なら H_0 を棄却する．

step.4 step.2〜3 を $R = 1$ 万回繰り返し，H_0 の棄却回数を数える．

今回の経験サイズは 6.24% で，名目サイズ 5% よりやや高かった．t のヒストグラムと $N(0,1)$ の pdf を見比べる（図 6.5）と，微妙に異なる．$n = 170$ は $t \overset{H_0;a}{\sim} N(0,1)$ の成立には少し足りず，検定の機能に多少問題が出る．$n \to \infty$ かつ $R \to \infty$ でヒストグラムは $N(0,1)$ に一致し，経験サイズも 5% になる．

■ 経験検出力の計測

まず DGP を H_1 が正しい状態に設定する．$H_1 : \mu < 10$ なので，H_1 が正しい状態を $\mu = 9$ としてみる．(6.6) 式で $\mu = 9$ にするために，a と b は変えず c を 4.25 から 3.25 に変える．これで $\mu = 2.5 \times 2.3 + 3.25 = 9$ となる．

この DGP で実験したところ，経験検出力は 96.19% だった．前項と同様に経験検出力が理論検出力に近いか検証する．理論検出力は，(6.2) 式に今回の

---

5) $\mu = 2.5 \times 2.3 + 4.25 = 10$．家賃ヒストグラムと DGP の pdf も大体同じになる（図 6.4）．

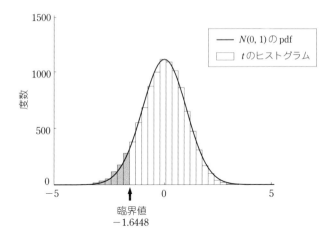

図 6.5　1万個の t のヒストグラムと $N(0,1)$ の pdf（H_0 が正しい時）
DGP：$y_i \sim i.i.d. G(2.5, 2.3) + 4.25$，検定問題：(6.4) 式，$n = 170$
注）ヒストグラムの青色部分が棄却域に落ちた t を示す．この部分が 624 個だった．

実験設定（片側検定で臨界値が $-z_\alpha$）を代入すれば以下のように書ける．

$$\text{理論検出力} = P(t < -z_\alpha \mid H_1) \tag{6.7}$$

後はここの「t」に大標本での対立分布を代入すれば計算できる．大標本対立分布は，H_1 が正しい時の μ の値を μ_1 として，(6.3) 式の最終項の分子にある $\hat{\mu}$ に $\hat{\mu} \overset{H_1, a}{\sim} N(\mu_1, \sigma^2/n)$，分母に「1」を代入する[6]と以下のように求まる．

$$t \overset{H_1, a}{\sim} \frac{N\left(\left(\frac{\mu_1 - \mu_0}{\sigma/\sqrt{n}}\right), 1\right)}{1} = N(\delta, 1), \quad \delta = \frac{\mu_1 - \mu_0}{\sigma/\sqrt{n}}$$

これを (6.7) に代入すれば次を得る．

$$\text{理論検出力} = P(N(\delta, 1) < -z_\alpha \mid H_1)$$
$$= P(N(0, 1) < -z_\alpha - \delta \mid H_1) \tag{6.8}$$

---

6)　$\hat{\mu} \overset{H_1, a}{\sim} N(\mu_1, \sigma^2/n)$ は中心極限定理による結果だ．分母は，一致性 $\hat{\sigma}^2 \overset{p}{\to} \sigma^2$ より，$\hat{\sigma}^2/\sigma^2 \overset{p}{\to} 1$ なので，「1」になる．小標本での分布を求めた前項と違い，大標本ではスラツキー（Slutsky）の定理でこうした計算が可能だ．野田・宮岡 (1992) 等を参照のこと．

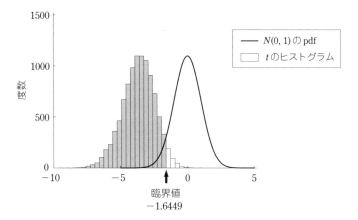

図 6.6　1 万個の t のヒストグラムと $N(0,1)$ の pdf（H_1 が正しい時）
DGP：$y_i \sim i.i.d.G(2.5, 2.3) + 3.25$, 検定問題：(6.4) 式, $n = 170$
注）ヒストグラムの青色部分が棄却域に落ちた t を示す．この部分が 9619 個だった．

以上より，今回の実験設定 $\delta = (\mu_1 - \mu_0)/(\sigma/\sqrt{n}) = (9 - 10)/(3.6366/\sqrt{170}) = -3.5853$ と $z_{0.05} = 1.6449$ では，理論検出力は 0.9738 となる[7]．

経験検出力 96.19% は理論検出力 97.38% よりわずかに低く，検定の機能に多少問題がある[8]．次項ではこの問題を詳しく議論する．

6.1.3　母集団の分布が不明な場合（標本数が小さい時）

前項の実験で大標本 t 検定の機能に問題が見られたが，程度がわずかで実感に乏しいので，n を減らして $n = 10$ としてみる．前項の 170 件の中から無作為に 10 件選んで表 6.1 を得た（この 10 物件は "yachinndata.xlsx" にも掲載している）として，前項と同様に t 検定する．

$$t = \frac{\hat{\mu} - 10}{\hat{\sigma}/\sqrt{10}} = -2.3897 \tag{6.9}$$

臨界値 $-z_{0.05} = -1.6449$ を下回るので，前項と同様に H_0 を棄却する．

この検定結果の信憑性を議論するため，$n = 10$ での大標本 t 検定の機能を実験で調べる．実験法は，n を 170 から 10 に変える以外は前項と同じである．

---

7)　ここで，$\sigma = \sqrt{Var(G(2.5, 2.3))} = \sqrt{2.5 \times 2.3^2} = 3.6366$.

8)　t のヒストグラム（図 6.6）は対立分布 $N(\delta, 1)$ に完全には収束していないと考えられる．

表6.1　10件の月額家賃データとヒストグラム

物件 No.	月額家賃（万円）
1	4.6
2	6.2
3	7.1
4	7.3
5	7.8
6	7.9
7	9.2
8	9.3
9	10.85
10	12.5

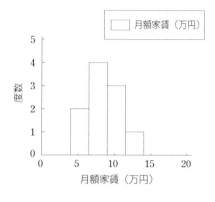

■ サイズについて

　実験の結果，名目サイズ5%に対し経験サイズ12.04%と大きく乖離した．この乖離を**サイズの歪み**（size distortion）と呼ぶ．今回は経験サイズが名目サイズより高いので上方に歪んでおり，分析者は有意水準を5%に指定したのに実際は12.04%もあったことになる．

　サイズが歪むと検定結果の解釈に問題が生じる．普段は H_0 の棄却で「有意水準5%で $\mu < 10$ である」と解釈するが，この実験の中では「有意水準12.04%で $\mu < 10$」と変なことになる．(6.9)式の実データでは「有意水準の正確な値は不明（多分5%より高そう）だが $\mu < 10$」のように解釈不能になる[9]．サイズが歪まないという普段の暗黙の前提が崩れてしまったからだ．H_0 を採択しても同様に解釈に問題が生じる．

■ 検出力について

　実験したところ，経験検出力は33.00%と計測された．一方，理論検出力は，前項と同様に(6.8)式に $\delta = (\mu_1 - \mu_0)/(\sigma/\sqrt{n}) = (9 - 10)/(3.6366/\sqrt{10})$

---

9)　実データでは「有意水準12.04%で」との解釈はできない．経験サイズ12.04%はあくまで $G(2.5, 2.3) + 4.5$ を使った実験結果で，現実の家賃母集団が $G(2.5, 2.3) + 4.5$ である保証は無いので．

$= -0.8696$ を代入すると以下を得る.

$$P(N(0,1) < -z_{0.05} + 0.8696 | H_1) = 0.2191 \quad (-z_{0.05} = -1.6449) \quad (6.10)$$

ここで，経験検出力（33.00%）が理論検出力（21.19%）を上回るという奇妙なことに気付く．検定機能に問題があると直感的には経験検出力が下がるはずだが，逆に上がっている．

　検出力が高いのは喜ばしいと思われるかもしれないが，そうではない．この奇妙な現象は上述のサイズの歪みに起因する．そもそも，理論検出力が 21.19% なのは，(6.10) 式で $-z_{0.05}$ を使ったことから解るように有意水準が 5% なのが前提となっている．しかし実際のサイズは 12.04% であり，この時の理論検出力は以下のように有意水準 5% の時よりかなり高い.

$$P(N(0,1) < -z_{0.1204} + 0.8696 | H_1) = 0.3808 \quad (-z_{0.1204} = -1.1730)$$

　つまり，サイズが上方に歪んだために理論検出力もつられて上方に歪み，33.00% という見掛け上は高い経験検出力が計測されたわけだ．このように，サイズが歪んだ場合の経験検出力は鵜呑みにできない.

　以上の議論は「有意水準と検出力のトレードオフ」という検定論の本質を突いている．検定においては，第1種の誤りも第2種の誤りも犯さない，つまり有意水準ゼロで検出力 100% が理想だ．しかし，今回の実験での有意水準と理論検出力の関係（以下の式）からも解るように，この理想は実現できない.

$$\begin{cases} \alpha = 0: & P(N(0,1) < -z_0 + 0.8696 | H_1) = 0 \quad (z_0 = \infty) \\ \alpha = 0.05: & P(N(0,1) < -z_{0.05} + 0.8696 | H_1) \\ & \quad = 0.2191 \quad (z_{0.05} = 1.6449) \\ \alpha = 0.1204: & P(N(0,1) < -z_{0.1204} + 0.8696 | H_1) \\ & \quad = 0.3808 \quad (z_{0.1204} = 1.1730) \\ \alpha = 1: & P(N(0,1) < -z_1 + 0.8696 | H_1) = 1 \quad (z_1 = -\infty) \end{cases}$$

　有意水準ゼロだと検出力もゼロで，有意水準を上げると検出力も上がる．このトレードオフに折り合いをつけるため，統計学では「有意水準を分析者が指

定する値に固定し，その有意水準の下でなるべく検出力を上げるように検定法を構築する」としている．このため，有意水準が固定できない（つまりサイズが歪む）と検定は機能不全になる．なお，有意水準に客観的な最適値が無く分析者の主観で指定せざるを得ないのもこのためだ．

■ サイズの歪みを消すには？

n を増やせば，前項（$n = 170$）のようにサイズの歪みは軽減し，理論上は $n \to \infty$ で消える．ただ，実験では簡単に増やせるが実データでは難しい．

$n = 10$ のままでサイズの歪みを消すには，大標本での帰無分布 $N(0, 1)$ ではなく小標本（$n = 10$）での帰無分布から臨界値を得れば良い[10]．ガンマ母集団での小標本帰無分布を解析的に得るのは難しいが，数値的には簡単だ．具体的には，経験サイズ計測の際に得た 1 万個の t を昇順に並び変えた時の 501番目の値が $n = 10$ での帰無分布の下側 5% 点であるから，それを臨界値とする．臨界値を $-z_{0.05} = -1.6449$ からこの 501 番目の値（今回の実験では -2.5473 だった）に変えればサイズの歪みは消える[11]．

そしてこの時は経験検出力も歪まないので，臨界値を -2.5473 とした際の経験検出力を**サイズ修正済み検出力**（size corrected power）と呼ぶ．今実験でのサイズ修正済み検出力は 16.43% だった[12]．これは有意水準 5% での理論検出力 21.91% と比較でき，予想通り理論検出力を下回ることが解る．

これで n を増やさず解決できた．しかし，実験では良いが，実データではこの手は使えない．現実の東中野エリアの家賃母集団が $G(2.5, 2.3) + 4.25$ である保証が無いからだ．ガンマ分布という分布形や 2.5・2.3・4.25 なるパラメーター値を統計学的に正当化しないと，実データには -2.5473 という臨界値は使えない．この問題への対処は 7 章で説明する．

---

10) 小標本帰無分布（図 6.7 での t のヒストグラム）と大標本帰無分布 $N(0, 1)$ はかなり異なっており，この差異がサイズが歪む原因であることが解る．

11) 乱数のシード（seed）を制御すれば経験サイズを丁度 5% にできる．シードとは乱数の「種」で，同じシードからは同じ乱数が生成される．つまり，-2.5473 を求めた時と同じシードを使えば全く同じ実験データが生成され，経験サイズは丁度 5% になる．

12) 臨界値を -1.6449 から -2.5473 に変える他は経験検出力の計測のやり方と同じだ．

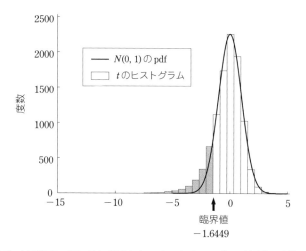

図 6.7　1 万個の t のヒストグラムと $N(0,1)$ の pdf（H_0 が正しい時）
DGP：$y_i \sim i.i.d.G(2.5, 2.3) + 4.25$，検定問題：(6.4) 式，$n = 10$
注）ヒストグラムの青色部分が棄却域に落ちた t を示す．この部分が 1204 個だった．

6.2　回帰係数の検定のモンテカルロ実験

　本節では次のような線形回帰モデルでの t 検定（詳細は 2 章と末石 (2015)
等を参照）を考え，この性能をモンテカルロ実験で調べる．

$$y_i = \beta_1 + \beta_2 x_{2i} + \cdots + \beta_K x_{Ki} + \varepsilon_i, \ \ \varepsilon_i \sim i.i.d.(0, \sigma^2), \ \ i = 1, \cdots, n$$

$$\begin{cases} \text{検定問題：} H_0 : \beta_j = \beta_{j,0} \ \ H_1 : \beta_j \neq \beta_{j,0}, \ \ j = 1, \cdots, K \\[2mm] \text{検定統計量：} t = \frac{\hat{\beta}_j - \beta_{j,0}}{\sqrt{\widehat{Var(\hat{\beta}_j)}}} \begin{cases} \overset{H_0}{\sim} t(n-K) & (\varepsilon_i \text{が正規分布．小標本検定}) \\[2mm] \overset{H_0, a}{\sim} N(0,1) & (\varepsilon_i \text{が非正規．大標本検定}) \end{cases} \\[2mm] \text{臨界値：小標本検定は} \pm t_{\alpha/2}^{(n-K)}, \text{大標本検定は} \pm z_{\alpha/2} \\[2mm] \text{棄却域：臨界値の外側の領域} \end{cases}$$

ここで，$\hat{\beta}_j$ は β_j の最小 2 乗推定量(ordinary least squares estimator, OLSE)，
$\widehat{Var(\hat{\beta}_j)}$ は OLSE の分散の推定量である．$\beta_{j,0} = 0$ での t は t 値と呼ばれる．

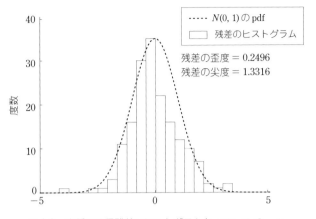

図 6.8 家賃の回帰残差のヒストグラムと $N(0,1)$ の pdf

6.2.1 家賃データでの分析

前節に引き続き，東中野エリアの賃貸物件データを使って話を進める．ある人が東中野エリアで借家を探す際に，家賃の決定要因を調べるため以下の線形回帰モデルを使ったとする．

$$家賃_i = \beta_1 + \beta_2 床面積_i + \beta_3 築年数_i + \beta_4 駅徒歩_i + \varepsilon_i, \ \varepsilon_i \sim i.i.d.(0, \sigma^2),$$
$$i = 1, \cdots, n \tag{6.11}$$

これを 6.1.2 項と同じ 170 物件の実データで OLS 推定して残差を調べると（図 6.8），概ね左右対称に分布するが分布の裾が厚いと思われる．そこで，ε_i は非正規と判断して大標本検定をする．

■ 標本数がある程度大きい時

大標本検定の性能は n に依存するので，前節と同じ $n = 170$ と $n = 10$ の物件データを使う．$n = 170$ での分析結果が表 6.2 だ．

OLSE の符号は，$\hat{\beta}_2$ が正で $\hat{\beta}_3$ と $\hat{\beta}_4$ が負であり，常識的な結果だ．有意性を調べるため，$H_0 : \beta_j = 0$ $H_1 : \beta_j \neq 0$ に対する t 値を見てみる．臨界値は上述のように $\pm z_{0.05/2} = \pm 1.9600$ だ．すると，駅徒歩以外が有意となる．

駅徒歩が有意でないのは意外な感じもする．これは大都市部に特有の鉄道

表 6.2 東中野エリアの家賃の回帰分析結果 ($n = 170$ の実データ)

	定数項	床面積	築年数	駅徒歩
$\hat{\beta}_j$	4.6497	0.2621	-0.0770	-0.0458
$\sqrt{\widehat{Var(\hat{\beta}_j)}}$	0.3058	0.0072	0.0066	0.0251
t 値	15.2026	36.3386	-11.6418	-1.8220

自由度修正済み決定係数 $\bar{R}^2 = 0.9016$

注) 家賃は付属データでは単位が円だが，ここでは単位を万円としている．床面積は付属データでは単位が平方フィートだが，ここでは 10.764 で割って単位を平方メートルとしている．築年数の単位は年，駅徒歩の単位は分である．"yachinndata.xlsx" 参照のこと．

表 6.3 東中野エリアの賃貸物件データ ($n = 10$ の実データ)

物件 No.	月額家賃（万円）	床面積（m²）	築年数（年）	駅徒歩（分）
1	4.6	16.4998	43.5342	10
2	6.2	16.9998	28.9425	1
3	7.1	15.9699	7.4247	8
4	7.3	21.3798	16.4301	10
5	7.8	25.4998	30.1068	5
6	7.9	19.1498	15.0110	10
7	9.2	30.5597	28.9425	7
8	9.3	23.5998	18.9370	3
9	10.85	22.7898	15.9342	5
10	12.5	26.6998	10.0932	1

事情のためかもしれない．JR 東中野駅は東京の都心近くにあり，このエリアには JR 以外にも私鉄や地下鉄が走っている．このため，実は，170 物件中の 153 件は駅徒歩 10 分以内である．10 分以内なら何分であっても利便性に大差は無いということで，駅徒歩が有意に出なかったのだろう．

■ 標本数が小さい時

続いて $n = 10$ を考え，前節の表 6.1 の物件を使う．これらの床面積等のデータは表 6.3 に示す．分析結果は表 6.4 で，全ての係数が有意となる．

表 6.4 東中野エリアの家賃の回帰分析結果（$n = 10$ の実データ）

	定数項	床面積	築年数	駅徒歩
$\hat{\beta}_j$	5.5310	0.2797	-0.1101	-0.1692
$\sqrt{\widehat{Var(\hat{\beta}_j)}}$	1.6554	0.0609	0.0256	0.0834
t 値	3.3413	4.5963	-4.3067	-2.0292

自由度修正済み決定係数 $\bar{R}^2 = 0.7551$

ここで，駅徒歩が $n = 170$ では有意でないのに $n = 10$ で有意なのは奇妙に見える．理論検出力は n が増えると上がるので，理論上は $n = 170$ の方が有意になりやすいからだ．確認のため，6.1.2 項と同様に理論検出力を求める．

まず大標本での対立分布を導出する．今回の検定問題が $H_0 : \beta_4 = 0$ $H_1 : \beta_4 \neq 0$ なので，t を以下のように変形し，

$$t = \frac{\hat{\beta}_4}{\sqrt{\widehat{Var(\hat{\beta}_4)}}} = \frac{\hat{\beta}_4}{\sqrt{\widehat{Var(\hat{\beta}_4)}}} \times \frac{\left(\frac{1}{\sqrt{Var(\hat{\beta}_4)}}\right)}{\left(\frac{1}{\sqrt{Var(\hat{\beta}_4)}}\right)} = \frac{\left(\frac{\hat{\beta}_4}{\sqrt{Var(\hat{\beta}_4)}}\right)}{\sqrt{\frac{\widehat{Var(\hat{\beta}_4)}}{Var(\hat{\beta}_4)}}}$$

最終項の分子の $\hat{\beta}_4$ に $\hat{\beta}_4 \overset{H_1,a}{\sim} N\left(\beta_{4,1}, Var(\hat{\beta}_4)\right)$（$\beta_{4,1}$ は H_1 が正しい時の β_4 の値），分母に「1」を代入する[13]と以下のように求まる．

$$t \overset{H_1,a}{\sim} \frac{N\left(\left(\frac{\beta_{4,1}}{\sqrt{Var(\hat{\beta}_4)}}\right), 1\right)}{1} = N(\psi, 1), \quad \psi = \frac{\beta_{4,1}}{\sqrt{Var(\hat{\beta}_4)}}$$

後は，(6.2) 式の「t」に $N(\psi, 1)$ を代入して臨界値を $\pm z_{\alpha/2}$ に変えれば

$$理論検出力 = P\left(N(\psi, 1) < -z_{\alpha/2} \text{ or } N(\psi, 1) > z_{\alpha/2} \,\middle|\, H_1\right)$$
$$= P\left(N(0, 1) < -z_{\alpha/2} - \psi \text{ or } N(0, 1) > z_{\alpha/2} - \psi \,\middle|\, H_1\right)$$

$$(6.12)$$

となる．ここで，$\lim_{n \to \infty} Var(\hat{\beta}_4) = 0$ [14] と，$\beta_{4,1} \neq 0$ に注意すると以下を

---

13) $\hat{\beta}_4 \overset{H_1,a}{\sim} N\left(\beta_{4,1}, Var(\hat{\beta}_4)\right)$ は中心極限定理による結果だ．分母については，一致性により $\widehat{Var(\hat{\beta}_4)}/Var(\hat{\beta}_4) \overset{p}{\to} 1$ なので「1」になる．詳細は末石 (2015) 等を参照のこと．
14) OLSE の分散には一般にこうした性質がある．末石 (2015) 等参照．

得る.

$$\lim_{n \to \infty} \psi = \begin{cases} \infty & (\beta_{4,1}\,\text{が正なら}) \\ -\infty & (\beta_{4,1}\,\text{が負なら}) \end{cases}$$

よって,(6.12) 式より,$n \to \infty$ で理論検出力は 100% となる.この性質を**検定の一致性**と言う.という訳で,駅徒歩が $n = 170$ では有意でないのに $n = 10$ で有意なのは奇妙だ.ここに着目しながらモンテカルロ実験を行う.

6.2.2　モンテカルロ実験の設定

前項の回帰分析結果を踏まえ,(6.11) 式を模した DGP を設定する.

家賃$_i$ = $4.5 + 0.3 \times$ 床面積$_i$ $- 0.08 \times$ 築年数$_i$ $+ 0 \times$ 駅徒歩$_i + \varepsilon_i$,

$i = 1, \cdots, n$　　　　　　　　　　　　　　　　　　　　　　　　　(6.13)

$$\begin{cases} \text{床面積}_i \sim i.i.d.G(1.4, 9.5) + 12 \\ \text{築年数}_i \sim i.i.d.TRI(0, 55, 16) \quad (TRI(p, q, r)\,\text{は三角分布を示す}) \\ \text{駅徒歩}_i \sim i.i.d.G(6, 1.3) \\ \varepsilon_i \sim i.i.d.t(9) \end{cases}$$

回帰係数の値は表 6.2 を参考に設定し,β_4 は有意でなかったのでゼロとした.床面積と駅徒歩にはガンマ分布,築年数には三角分布,ε_i には t 分布を使った[15].各独立変数と OLS 残差の実データを DGP の pdf と見比べる(図 6.9 と図 6.10)と,概ね整合的である.家賃については,n =1 万の実験データ[16]と実データが概ね合っていることが解る(図 6.11).

---

15)　$TRI(p, q, r)$ は最小値 p,最大値 q,最頻値 r を結ぶ三角形の pdf を持つ.$t(f)$ の尖度は $6/(f-4)$ なので裾の厚さを表現できる.詳細は蓑谷 (2003) 等を参照のこと.なお,$n = 170$ の実データで計算した独立変数間の相関係数が小さかったので,各独立変数は互いに独立に生成した.各独立変数と誤差項も,もちろん独立に生成した.

16)　家賃はガンマ・三角・t 分布の混合分布なので pdf の解析的な導出は難しい.なお,6.1.2 項では家賃分布の右への歪みをガンマ分布だけで表したが,ここでは上記の混合分布で表している.ただ,t 分布は左右対称,駅徒歩の回帰係数はゼロ,築年数を表す三角分布も歪みは小さいので,床面積の分布が右に歪むために家賃分布も右に歪むとの構造になっている.

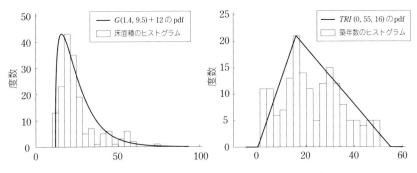

図 6.9　床面積（左）・築年数（右）の実データ（$n = 170$）のヒストグラムと DGP の pdf

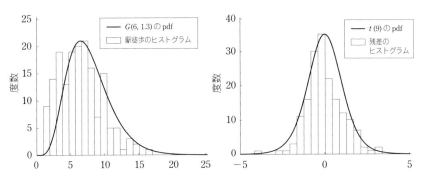

図 6.10　駅徒歩（左）・誤差項（右）の実データ（$n = 170$）のヒストグラムと DGP の pdf

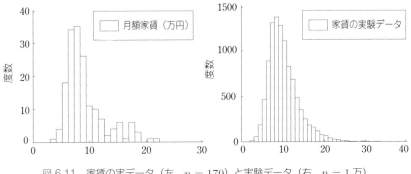

図 6.11　家賃の実データ（左，$n = 170$）と実験データ（右，$n = 1$ 万）

6.2.3 モンテカルロ実験の結果

■ 経験サイズ

(6.13) 式のデータで (6.11) 式を OLS 推定し，次の大標本 t 検定を行った．

$$H_0 : \beta_j = \beta_{j,0} \quad H_1 : \beta_j \neq \beta_{j,0} \quad （\beta_{j,0}は (6.13) 式の回帰係数値） \qquad (6.14)$$

表 6.5 より，$n = 10$ ではかなりサイズが歪むが $n = 170$ ではほぼ歪まないことが解る．中心極限定理と整合的な結果だ．

表 6.5 回帰係数の大標本 t 検定のモンテカルロ実験結果（サイズ）
DGP：(6.13) 式，検定問題：(6.14) 式，R=1 万

n	経験サイズ				名目サイズ
	定数項	床面積	築年数	駅徒歩	全ての係数
10	15.86	16.19	15.70	15.98	5
50	6.49	6.55	6.30	6.81	5
170	5.20	5.29	5.16	5.34	5

■ 経験検出力

検出力の計測では，DGP の (6.13) 式を以下のように変える．

$$家賃_i = 4.5 + 0.3 \times 床面積_i - 0.08 \times 築年数_i - 0.06 \times 駅徒歩_i + \varepsilon_i$$

$$(6.15)$$

駅徒歩の回帰係数を -0.06 に変えた以外は (6.13) 式と同じだ．ここでの検定問題は，実データでの検定に合わせて $H_0 : \beta_j = 0$ $H_1 : \beta_j \neq 0$ とする．

結果を表 6.6 に示す．$n = 10$ では，サイズが上方に歪んだ影響で経験検出力も上方に歪み理論検出力をかなり凌駕するが，サイズ修正済み検出力は予想通り理論検出力より低い．$n = 170$ では 3 つの検出力（経験・サイズ修正済み・理論）がほぼ一致しており，検定が適切に機能している．また，検定の一致性により，検出力は n と共に増加している．

なお，駅徒歩の理論検出力は (6.12) 式の ψ に以下を代入すれば得られる．

表 6.6 回帰係数の大標本 t 検定のモンテカルロ実験結果（検出力）
DGP：(6.15) 式，検定問題：$H_0 : \beta_j = 0$ $H_1 : \beta_j \neq 0$, $R = 1$ 万

n	経験検出力				サイズ修正済み検出力	理論検出力
	定数項	床面積	築年数	駅徒歩	駅徒歩	駅徒歩
10	77.56	99.08	68.67	19.19	6.76	8.31
50	100	100	99.89	24.15	20.14	22.19
170	100	100	100	58.94	58.18	59.36

注）紙幅の都合上，サイズ修正済み検出力と理論検出力は駅徒歩についての
み載せた．サイズ修正済み検出力の計測では，経験サイズを計測した
際の 1 万個の t を昇順に並び変えたものの 251 番目の値を下側臨界値，
9750 番目の値を上側臨界値とした．

$$\psi = \frac{\beta_{4,1}}{\sqrt{Var(\hat{\beta}_4)}} = \frac{-0.06}{\sqrt{\frac{Var(\varepsilon_i)}{n \times Var(\text{駅徒歩}_i)}}} = \frac{-0.06}{\sqrt{\frac{Var(t(9))}{n \times Var(G(6,1.3))}}} = \frac{-0.06}{\sqrt{\frac{9/(9-2)}{n \times 6 \times 1.3^2}}}$$

$$(6.16)$$

ここで，$Var(t(f)) = f/(f - 2)$ という性質を使っている．$Var(\hat{\beta}_4) = \frac{Var(\varepsilon_i)}{n \times Var(\text{駅徒歩}_i)}$ の導出は演習問題にあるので，興味があればチャレンジして頂きたい．

■ 実データでの駅徒歩の係数に関する考察

実データでは，駅徒歩が $n = 170$ では有意でなく $n = 10$ で有意だった
（6.2.1 項）．本当に $\beta_4 \neq 0$ なら，表 6.6 を踏まえると，$n = 170$ の高検出力で
有意でないのに $n = 10$ の低検出力で有意なことになる．これは奇妙なので，
やはり本当は $\beta_4 = 0$ で，表 6.5 のように $n = 170$ ではサイズが歪まないため
有意にならず $n = 10$ でサイズが上方に歪んだため有意と誤判定されたと思わ
れる．

この考察はもちろん実験の設定に依存するし，あくまで確率の話なので様々
な可能性がある．今回はこうした可能性が高いということだ．

6.3 現代の統計学におけるモンテカルロ実験

本章ではモンテカルロ実験を解説した. t 検定の機能をモンテカルロ実験で調べ, n が小さい時の大標本検定でサイズが歪むことを明らかにした. この実験を通して,「有意水準 5% で有意」の実感をつかんで頂けたらと思う.

モンテカルロ実験の特徴は, 解析的に解らないこともコンピューターで明らかにできる点である. この特徴は, 特に統計手法の仮定が崩れる際に役立つ.

一般に統計手法は様々な仮定の上に成り立っており, それらの仮定は「複雑な分析対象を単純に表す」という統計学の役割を果たすのに必要な側面もある. とは言え, 現実の複雑な経済や経営のデータが常にそうした仮定を満たす保証は無く, 現実妥当性を得るために仮定を崩すことがある.

ただ, 仮定を緩めれば, 当然副作用も出る. この副作用は往々にして解析的には解らないが, モンテカルロ実験なら明らかにできる. 実際, 本章で見たように, 正規性を無くした際のサイズの歪みは解析的な導出は困難だがモンテカルロ実験なら簡単に計算できた. そしてこの副作用が顕著ならそれを抑える研究が行われ, 統計手法は実用に耐え得るよう改良されていく. 改良した統計手法の性能評価にもやはりモンテカルロ実験を使うので, こうした改良の過程でも重宝する.

このことから解るように, モンテカルロ実験は非常に広い範囲の統計手法で有効である. 高度な統計モデルでも使えるし, 検定の機能を調べる他にもパラメーター推定量の性質や変数の予測量の精度を評価するといったこともできる. 他にも多くの用途がある.

以上のように, モンテカルロ実験は有用である. コンピューターの力が本質的に重要となるので, 現代の統計学にはコンピューターの知識も欠かせない.

演習問題

6.1　6.1.2 項では $y_i \sim i.i.d.G(2.5, 2.3) + 4.5$, $i = 1, \cdots, n$ なる DGP で $n = 170$ としたが, $n = 50$ で（他の設定は同じで）実験を行い, 大標本 t 検定のサイズの歪みを調べよ. さらに, 以下の DGP で同様にサイズの歪みを調べ, その結果と 6.1.2 項の結果から大標本 t 検定に必要な標本数について論ぜよ.

$$\begin{cases} y_i \sim i.i.d.G(100, 0.5), & i = 1, \cdots, 50 \\ y_i \sim i.i.d.t(5), & i = 1, \cdots, 50 \\ y_i \sim i.i.d.U[-5, 5], & i = 1, \cdots, 50 \quad (U[-5, 5] \text{ は区間 } [-5, 5] \text{ の一様分布}) \end{cases}$$

6.2 本章のモンテカルロ実験では総じてサイズが上方に歪んだが，サイズは下方に歪むこともある．次の主張は正しいか論ぜよ．

「名目サイズ 5% に対して経験サイズが 1% だと，分析者が想定したよりも第 1 の誤りを犯しにくくなる．よって，下方への歪みは何も問題無い」

6.3 (6.13) 式の DGP で $H_0 : \beta_2 = 0$ $H_1 : \beta_2 \neq 0$ を有意水準 5% で t 検定する．検定の一致性により，$n \to \infty$ でこの検出力は 100%（すなわち第 2 種の誤りは 0%）になる．では，$H_0 : \beta_2 = 0.3$ $H_1 : \beta_2 \neq 0.3$ を有意水準 5% で t 検定すると $n \to \infty$ で第 1 種の誤りも 0% となるか解析的に示せ．また，そのことをモンテカルロ実験で数値的に確認せよ．

6.4 (6.16) 式での $Var(\hat{\beta}_4) = \frac{Var(\varepsilon_i)}{n \times Var(駅徒歩_i)}$ を導出する．まず，(6.15) 式を以下のように行列・ベクトル表現で書き直す．

$$y_i = \beta_1 + \beta_2 x_{2i} + \beta_3 x_{3i} + \beta_4 x_{4i} + \varepsilon_i, \quad i = 1, \cdots, n \quad (x_{4i} が駅徒歩_i)$$

$$\xrightarrow{\text{縦に並べる}} \begin{bmatrix} y_1 \\ y_2 \\ \vdots \\ y_n \end{bmatrix} = \begin{bmatrix} 1 & x_{21} & x_{31} & x_{41} \\ 1 & x_{22} & x_{32} & x_{42} \\ \vdots & \vdots & \vdots & \vdots \\ 1 & x_{2n} & x_{3n} & x_{4n} \end{bmatrix} \begin{bmatrix} \beta_1 \\ \beta_2 \\ \beta_3 \\ \beta_4 \end{bmatrix} + \begin{bmatrix} \varepsilon_1 \\ \varepsilon_2 \\ \vdots \\ \varepsilon_n \end{bmatrix}$$
$$\underset{(n \times 1) \text{ ベクトル}}{} \quad\quad \underset{(n \times 4) \text{ 行列}}{} \quad\quad \underset{(4 \times 1) \text{ ベクトル}}{} \quad \underset{(n \times 1) \text{ ベクトル}}{}$$

$$\equiv y = X\beta + \varepsilon \tag{6.17}$$

ここで，次の定理が成り立つ（詳細は末石 (2015) 等参照）．

「(6.17) 式での β の OLSE は $\hat{\beta} = (X'X)^{-1}X'y$ であり，漸近的な分布は $\hat{\beta} \overset{a}{\sim} N(\beta, \frac{Var(\varepsilon_i)}{n} Q^{-1})$ となる．$Q = \text{plim}_{n \to \infty} \frac{X'X}{n}$ である」

この定理を使って $Var(\hat{\beta}_4) = \frac{Var(\varepsilon_i)}{n \times Var(x_{4i})}$ を解析的に導出せよ．また，この結果が正しいことをモンテカルロ実験で数値的に確認せよ．

6.5 (6.13) 式の DGP を使った実験では，n が $n = 10, 50, 170$ と大きくなるにつれて大標本 t 検定のサイズの歪みが減った．以下の DGP でも同様の n の増加でサイズの歪みが減るか実験で調べ，(6.13) 式での実験結果と比較せよ．

$$y_i = \beta_1 + \beta_2 x_{2i} + \cdots + \beta_K x_{Ki} + \varepsilon_i, \ \ \varepsilon_i \sim i.i.d.t(9), \ \ i = 1, \cdots, n \qquad (6.18)$$

$$\begin{cases} \beta_j = 1, \ \ j = 1, \cdots, K \\ x_{2i} \sim i.i.d.N(0,1), \ \ i = 1, \cdots, n \qquad \cdots \qquad x_{Ki} \sim i.i.d.N(0,1), \ \ i = 1, \cdots, n \end{cases}$$

ここで，ε_i, $x_{2i}, \cdots, x_{Ki}$ は互いに独立に生成し，$K = n - 6$ とする.

─ 第7章 ─
コンピューターの力で難題を解決する：ブートストラップ

　統計学の重要な目的の1つは，興味のある分析対象を正確に推定することである．興味の対象は統計モデル等に応じて異なるが，例えば1章の線形回帰モデルなら主に回帰係数だ．この推定について，いくつか難しい問題がある．

　今，ある統計モデルでの興味の対象を θ，その推定量を $\hat{\theta}$ とする．$\hat{\theta}$ の正確さを示す指標の1つに不偏性 $E(\hat{\theta}) = \theta$ がある．そして正確さの度合いを測るために区間推定や検定を行うが，その際は $\hat{\theta}$ や検定統計量の確率分布が必要となる．典型的には正規分布や t 分布を使う．ただ，これらは厳しい仮定を必要とすることが多く，現実の経済や経営のデータがそうした仮定を満たす保証は無い．

　より緩い仮定の下で正確さを示すのが一致性 $\hat{\theta} \xrightarrow{p} \theta$ だ[1]．また，$\hat{\theta}$ や検定統計量に対する漸近正規性も多くの場合緩い仮定の下で成立し，区間推定や検定を可能にしてくれる．ただし，これらは標本数が小さいとパフォーマンスが悪い．加えて，漸近分布の扱いが難しく，検定が実行困難となる場合もある．

　仮定を緩めることでこうしたトラブルに直面する場合は，（紙と鉛筆による）解析的な計算での対応には限界がある．これが上述した難題で，これをコンピューターによる数値的な計算で解決する手法が**ブートストラップ**（bootstrap）だ．

---

1)　一致性の詳細は末石 (2015) 等を参照のこと．

ブートストラップは，一致性や漸近正規性に立脚しつつも小標本でのパフォーマンスを改善する．具体的には，バイアス $E(\theta) - \theta$ の削減や検定統計量の小標本分布の算出だ．また，漸近分布を数値的に描き出すことで実行困難な検定も実行可能にする．

これらの中で，紙幅の都合上，本章では t 検定の精度向上に焦点を当てる．

7.1 期待値の検定のブートストラップ

期待値の検定では，データが $i.i.d.$ 正規分布だと t 検定統計量の小標本での帰無分布が解析的に求まるので，ブートストラップは不要だ．正規分布の仮定を緩めると，帰無分布は漸近正規性に頼ることになる．ここで標本数が小さいと検定機能に問題が生じ，ブートストラップの出番になる．

7.1.1 家賃データでの分析

以降は，モンテカルロ実験を扱った 6 章の 6.1.3 項の設定で話を進める[2]．そこでは，東京都の東中野周辺エリアでの賃貸物件データで以下の検定を行った．

$$月額家賃 \ y_i \sim i.i.d.(\mu, \sigma^2), \ \ i = 1, \cdots, n$$

$$検定問題：H_0 : \mu = 10 \ \ H_1 : \mu < 10 \tag{7.1}$$

$$検定統計量：t = \frac{\hat{\mu} - 10}{\hat{\sigma}/\sqrt{n}} \overset{H_0, a}{\sim} N(0, 1)$$

この検定へのモンテカルロ実験を，$n = 10$，有意水準 $\alpha = 0.05$ で行ったところ，6.1.3 項のようにサイズが大きく歪んだ．y_i は正規分布でなく，$n = 10$ では t の帰無分布を $N(0, 1)$ とするには足りないと見られる．

このサイズの歪みをブートストラップで削減する．ブートストラップの直感的なアイデアは，大標本の帰無分布 $N(0, 1)$ だとサイズが歪むので，小標本（$n = 10$）での帰無分布を使うというものだ．ここで，小標本帰無分布は解析

---

2) 本章の前にまず 6 章を読むことを勧める．

図7.1 標本抽出の考え方

的に得るのが難しいので，コンピューターで数値的に計算する．

　同様のことは6.1.3項でも行った．モンテカルロ実験で，家賃の母集団が$G(2.5, 2.3) + 4.25$との設定でデータを1万回再生成して$n = 10$でのtの帰無分布を数値的に描き，そこから臨界値を得ることで実験データに対するサイズの歪みを消した．

　ただ，現実のデータでサイズの歪みを消すには現実妥当性のある母集団分布からデータを再生成せねばならない．$G(2.5, 2.3) + 4.25$が妥当との統計学的な証拠は無いし，そうした分布を探すのは難問だ．

　そこで，ブートストラップでは分布を不明としたままで母集団からデータを再抽出する．これは一見すると不可能だが，図7.1のようにすれば可能だ．

　通常の標本抽出では，東中野エリアの全物件を母集団として抽出する．こうして得たのが$n = 10$のデータだ（表7.1に再掲する．"yachinndata.xlsx"も参照のこと）．母集団分布は不明なのでこの抽出は再び行えないが，代わりに$n = 10$の物件を「推定された母集団」と見なしてそこから再抽出するのがブートストラップの考え方である．

　ただ，10物件の母集団から全ての10物件を抽出すると表7.1と同じ元のデータが出てくるだけで意味が無い．そこで，ブートストラップでは復元抽出を使う．非復元抽出だと元データと同じデータが生成されるが，復元抽出だと同一物件が重複して抽出され得るため，ブートストラップ抽出データは元データと異なり得る．物件No.で書くと，例えば$\{1, 2, 2, 3, 4, 5, 5, 6, 7, 10\}$といった具合だ．この再抽出データで$t$の計算を繰り返せば$t$の小標本帰無分布が数値的に得られる．つまり以下のようになる．

表 7.1 10 件の月額家賃データとヒストグラム（表 6.1 の再掲）

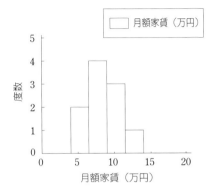

物件 No.	月額家賃（万円）
1	4.6
2	6.2
3	7.1
4	7.3
5	7.8
6	7.9
7	9.2
8	9.3
9	10.85
10	12.5

step.1 表 7.1 の 10 物件から，復元抽出で 10 件を無作為抽出[3]する．

step.2 step.1 の再抽出データで $\mu \cdot \sigma$ の推定量 $\hat{\mu}^* \cdot \hat{\sigma}^*$ を求め，$t^* = \frac{\hat{\mu}^* - \hat{\mu}}{\hat{\sigma}^*/\sqrt{n}}$ を得る[4]．

step.3 step.1〜2 を B 回繰り返し，B 個の t^* を得る．昇順に並び変えた t^* の $B \times \alpha + 1$ 番目の値が下側 $100 \times \alpha \%$ 点なので，それが臨界値となる．

step.4 元データでの $t = \frac{\hat{\mu} - 10}{\hat{\sigma}/\sqrt{n}}$ が step.3 で得た臨界値未満なら H_0 を棄却する．

　今回のブートストラップでは $B = 5$ 千として臨界値は -2.0771 と求まり，(6.9) 式のように $t = -2.3897$ なので H_0 を棄却した．棄却との結果自体は大標本 t 検定（臨界値が $-z_{0.05} = -1.6449$）と同じだ．ただ，大標本 t 検定はサイズが歪むため「有意水準 5% で $\mu < 10$」と解釈できない．一方，ブートストラップ t 検定はサイズの歪みを減らせるので，解釈の問題も小さくなる．

　以上のことは，付属の R コード "boot.r" で再現できる．ただし，乱数を用

---

3) 各物件が抽出される確率を均一，つまり 1/10 として抽出する．

4) 帰無仮説は $H_0 : \mu = 10$ なので $t^* = \frac{\hat{\mu}^* - 10}{\hat{\sigma}^*/\sqrt{n}}$ にすべきと思われるかもしれない．しかし，ブートストラップの世界では母集団は表 7.1 の 10 物件しか無いので，母集団の期待値 μ は既知であり $\hat{\mu}$ となる．よって，帰無分布を得るには 10 ではなく $\hat{\mu}$ を使う．

いるため，「臨界値は -2.0771」なことを必ず再現できるわけではないことに注意されたい．理論上は，$B \to \infty$ とすれば乱数による臨界値のぶれは無くなる．

7.1.2 モンテカルロ実験

前項のブートストラップで本当にサイズの歪みが減るかモンテカルロ実験で確認する．実験設定は 6.1.3 項と同じで，結果は表 7.2 のようになった[5]．

サイズについては，大標本 t 検定では大きく上方に歪むが，ブートストラップ t 検定ではかなり歪みが減る．検出力では，大標本 t 検定はサイズの歪みに引きずられて経験検出力が理論検出力を超えるという奇妙な結果となるが，サイズ修正すれば理論検出力に近付く．一方，ブートストラップではサイズの歪みが減るため，サイズ修正せずとも経験・理論検出力は概ね同じだ．

ブートストラップで小標本帰無分布が求まったかも確認しておく．図 7.2 の左側がモンテカルロ実験で求めた t の真の小標本帰無分布である．1 万回のモンテカルロ実験中のある 1 回における t^* の分布が右側だ．両者はよく似ており，ブートストラップが上手く機能したことが解る．ただ，1 万回の中ではあまり似ないこともあり，総計では表 7.2 のように多少サイズの歪みが残った．

表 7.2　期待値の大標本・ブートストラップ t 検定のモンテカルロ実験結果
DGP：$y_i \sim i.i.d.G(2.5, 2.3) + c$，検定問題：(7.1) 式，$n=10$，$R=1$ 万，$B=5$ 千

c	経験サイズ/経験検出力		名目サイズ/理論検出力
	大標本 t 検定	ブートストラップ t 検定	
4.25（H_0 が真）	12.04	6.99	5
3.25（H_1 が真）	33.00（※ 16.43）	20.44	21.91

注）　ブートストラップ t 検定以外は 6.1.3 項の再掲．※はサイズ修正済み検出力．

---

5)　この実験では，$G(2.5, 2.3) + c$ から生成したデータに対し，「母集団分布は不明」との想定で前項のブートストラップを行った．もちろん母集団分布は $G(2.5, 2.3) + c$ と解っているが，現実で直面するように不明と想定したということである．また，1 回生成したデータに対して $B = 5$ 千回の再抽出をするので，全部で $R \times B = 5$ 千万回の計算をすることになる．

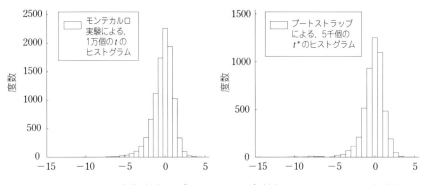

図7.2　モンテカルロ実験（左）とブートストラップ（右）による t の小標本帰無分布

7.1.3　補足

■ ブートストラップ t 検定でサイズの歪みが減る理由

先述のように n に応じた小標本の帰無分布を使うことがサイズの歪みが減る理由である．ただ，ブートストラップでは元データを母集団と見なす．つまりは表7.1のヒストグラムで母集団分布を推定することになるわけで，データのヒストグラムは $n \to \infty$ で母集団分布を一致推定する[6]ものの，推定には当然誤差が伴う．この推定誤差ため，実は，ブートストラップで計算した小標本分布は常に高精度なわけではない．

ここで，$t \overset{H_0, a}{\sim} N(0, 1)$ は「t の漸近分布はデータの母集団がどのような分布でも中心極限定理が働く限り全て $N(0, 1)$」との意味であることに注目する．漸近分布が母集団分布に依存しないという性質を**ピボタル**（pivotal）と呼ぶ．

ピボタルな t に対してブートストラップで t^* を得ると，上述の母集団分布の推定誤差がノーカウントになる．直感的な理由は，t はそもそも母集団分布に依存しないからだ．これにより，t^* で描く小標本分布は高精度となりサイズの歪みが減る．詳細は Horowitz (2019) 等を参照のこと．

一方，例えば $\hat{\mu}$ はピボタルでない．$\hat{\mu} \overset{a}{\sim} N(\mu, \sigma^2/n)$ であり，漸近分布が母

---

6)　グリベンコ-カンテリ（Glivenko-Cantelli）の定理．正確には経験分布関数の母集団分布関数への一様収束を示す．野田・宮岡 (1992) 等を参照.

集団パラメーター $\mu \cdot \sigma^2$ に依存するからだ．この時はブートストラップで $\hat{\mu}^*$ を求めて小標本分布を描いても精度は上がらず，結局は漸近分布 $N(\mu, \sigma^2/n)$ を通常の精度で計算するだけになり，ブートストラップは無用になる[7]．

■ ブートストラップ再抽出の方法

ブートストラップ再抽出は，元データの抽出過程を「真似」するように行う必要がある．ここでは元データは $i.i.d.$ で母集団（東中野エリアの全物件）から抽出されたと仮定しているため，ブートストラップ再抽出では復元無作為抽出を使って $i.i.d.$ を真似ている．もし元データが $i.i.d.$ でないなら，それに合わせてブートストラップ再抽出の方法を変えることになる．

また，ここでは母集団の分布形を特定しなかったが，この方法を**ノンパラメトリック**（nonparametric）**ブートストラップ**と呼ぶ．ノンパラメトリックとは，「分布やモデルを特定しない」といった意味の用語だ．これに対し，パラメトリックブートストラップも存在する．母集団の分布形が特定できる場合に，そのパラメーターを元データで推定し，ブートストラップ再抽出データをその分布からの乱数で作る．

■ ブートストラップ再抽出回数 B の設定

ここでのブートストラップ再抽出は n 個の要素の復元抽出なので，再抽出データには n^n 通りの可能性がある．$B = n^n$ としてこの可能性を全て網羅すれば完全な t^* の分布が求まる．だが $n = 10$ でも $n^n =100$ 億となるので現実的ではない．通常は B は数千程度で良いが，以上の意味では大きい方が望ましい．

なお，B を増やせば増やすほどサイズの歪みが減るわけではない．前項の実験ではブートストラップ t 検定にも多少のサイズの歪みが残ったが，これをさらに減らすには B ではなく n を増やすしかない．ブートストラップ t 検定は大標本 t 検定より高精度だが，やはり漸近的な理論に基づくからだ．

---

7) とは言え漸近分布は求められるので，漸近分布自体の解析的な扱いが難しい場合にはピボタルでない統計量をブートストラップすることも有用だ．詳しくは演習問題を参照．

7.2 回帰係数の検定のブートストラップ

　線形回帰モデルの係数の検定でも，誤差項が $i.i.d.$ 正規分布だとブートストラップは不要で，非正規だとブートストラップの出番になる.

7.2.1 家賃データでの分析

　以降は 6.2.1 項の設定で話を進める．ここでは，東中野エリアでの賃貸物件データ（6.2.1 項および "yachinndata.xlsx" を参照のこと）で以下の線形回帰分析をした.

$$家賃_i = \beta_1 + \beta_2 床面積_i + \beta_3 築年数_i + \beta_4 駅徒歩_i + \varepsilon_i, \ \varepsilon_i \sim i.i.d.(0, \sigma^2),$$
$$i = 1, \cdots, n \tag{7.2}$$

$$検定問題：H_0 : \beta_j = 0 \ \ H_1 : \beta_j \neq 0, \ \ j = 1, \cdots, 4$$

$$検定統計量：t = \frac{\hat{\beta}_j}{\sqrt{\widehat{Var(\hat{\beta}_j)}}} \overset{H_0, a}{\sim} N(0, 1)$$

6.2.1 項で述べたように ε_i は非正規と思われるので大標本 t 検定を行った.

　この t 検定へのブートストラップを前節と同様にやるなら，元データから復元無作為で再抽出（従属変数の 家賃$_i$ と独立変数の $X_i = \{$ 床面積$_i$, 築年数$_i$, 駅徒歩$_i\}$ をセットで再抽出）し，再抽出データ $(家賃_i^*, X_i^*)$ で t^* を求めて小標本分布を描くことになる．独立変数と従属変数をペアで再抽出するため，**ペアワイズブートストラップ**（pairwise bootstrap）と呼ばれる.

　もう 1 つ別な方法もある．そもそも「回帰」とは条件付き期待値の意味であり，独立変数で条件付けた従属変数の期待値が線形と仮定すると

$$E(家賃_i | X_i) = \beta_1 + \beta_2 床面積_i + \beta_3 築年数_i + \beta_4 駅徒歩_i$$

を得る．ここに $\varepsilon_i | X_i \sim i.i.d.(0, \sigma^2)$ の仮定を満たす誤差項が加わったのが (7.2) 式だ．この枠組みでは X_i は固定された値となり，ε_i と 家賃$_i$ が変動する．これに基づくのが以下の**残差ブートストラップ**（residual bootstrap）だ.

step.1　元データの OLS 残差 e_i から復元無作為抽出した e_i^* と元データの

表 7.3 東中野エリアの家賃の回帰分析結果

		定数項	床面積	築年数	駅徒歩
$n=10$	$\hat{\beta}_j$	5.5310	0.2797	-0.1101	-0.1692
	$\sqrt{\widehat{Var(\hat{\beta}_j)}}$	1.6554	0.0609	0.0256	0.0834
	t 値	3.3413	4.5963	-4.3067	-2.0292
	大標本臨界値	±1.9600	±1.9600	±1.9600	±1.9600
	ブートストラップ臨界値	2.9421	3.0314	2.9426	3.0734

自由度修正済み決定係数 $\bar{R}^2 = 0.7551$

		定数項	床面積	築年数	駅徒歩
$n=170$	$\hat{\beta}_j$	4.6497	0.2621	-0.0770	-0.0458
	$\sqrt{\widehat{Var(\hat{\beta}_j)}}$	0.3058	0.0072	0.0066	0.0251
	t 値	15.2026	36.3386	-11.6418	-1.8220
	大標本臨界値	±1.9600	±1.9600	±1.9600	±1.9600
	ブートストラップ臨界値	1.9875	2.0299	1.9728	1.9947

自由度修正済み決定係数 $\bar{R}^2 = 0.9016$

注）ブートストラップ臨界値以外は表 6.2 と表 6.4 の再掲．$B = 5$ 千，$\alpha = 0.05$

OLSE$\hat{\beta}_j$ で，家賃$^*_i = \hat{\beta}_1 + \hat{\beta}_2$床面積$_i + \hat{\beta}_3$築年数$_i + \hat{\beta}_4$駅徒歩$_i + e^*_i$ を得る．

step.2 step.1 の再抽出データ $\{$ 家賃$^*_i, X_i \}$ で OLSE$\hat{\beta}^*_j$ とその分散推定量 $\widehat{Var(\hat{\beta}_j)}^*$ を求め，$t^* = \frac{\hat{\beta}^*_j - \hat{\beta}_j}{\sqrt{\widehat{Var(\hat{\beta}_j)}^*}}$ を計算する[8]．

step.3 step.1~2 を B 回繰り返し，t^* の絶対値の上側 $100 \times \alpha\%$ 点（昇順に並び変えた $|t^*|$ の $B \times (1 - \alpha)$ 番目の値）を臨界値とする[9]．

step.4 元データでの $t = \frac{\hat{\beta}_j}{\sqrt{\widehat{Var(\hat{\beta}_j)}}}$ の絶対値が step.3 の臨界値を超えたら H_0 を棄却する．

---

8) ペアワイズブートストラップと違い，再抽出データでの X_i は元データと変わらない．

9) ここで，t^* の上側・下側 $100 \times (\alpha/2)\%$ 点を臨界値にすべきと思われるかもしれない．両側検定の棄却域は，$N(0, 1)$ のように左右対称な帰無分布なら，$[t < -z_{\alpha/2}, t > z_{\alpha/2}]$ と $[|t| > z_{\alpha/2}]$ は同じだ．しかし小標本の帰無分布は一般に左右非対称なので異なる．Hall (1988) は，ピボタルな統計量 t をブートストラップして t^* を計算する際は，t^* の上側・下側 $100 \times (\alpha/2)\%$ 点より $|t^*|$ の上側 $100 \times \alpha\%$ 点を使う方が精度が高いことを示した．

残差ブートストラップは回帰モデルを明示的に使うため精度が高い一方で制約が厳しく，ペアワイズブートストラップはモデルを明示しないため精度が劣る一方で制約は緩い（末石 (2015) 等を参照）．前者を使った結果が表 7.3 だ．

$n = 10$ では大標本とブートストラップの臨界値がかなり異なり，駅徒歩の検定結果が異なる．$n = 170$ では 2 つの臨界値は概ね同じで，検定結果も同じだ．6.2.1 項で駅徒歩が $n = 170$ では有意でないのに $n = 10$ で有意なのは不自然と述べたが，ブートストラップを使うと駅徒歩は $n = 170$ でも $n = 10$ でも有意でなく，順当な結果になっている．

7.2.2 モンテカルロ実験

駅徒歩の検定結果に着目しながら，ブートストラップの性能を実験で確認する．実験設定は 6.2.2 項，6.2.3 項と同じで，結果は表 7.4 のようになった．

大標本 t 検定は $n = 10$ でかなりサイズが歪み，$n = 50$ でもやや歪む．ブー

表 7.4 回帰係数の大標本・ブートストラップ t 検定のモンテカルロ実験結果
経験サイズ・・・DGP：(6.13) 式，検定問題：(6.14) 式
経験検出力・・・DGP：(6.15) 式，検定問題：$H_0 : \beta_j = 0$ $H_1 : \beta_j \neq 0$

n	経験サイズ								名目サイズ
	大標本 t 検定				ブートストラップ t 検定				全て
	定数項	床面積	築年数	駅徒歩	定数項	床面積	築年数	駅徒歩	
10	15.86	16.19	15.70	15.98	4.71	5.13	4.80	4.84	5
50	6.49	6.55	6.30	6.81	5.07	5.41	4.98	5.29	5
170	5.20	5.29	5.16	5.34	4.85	4.97	4.74	4.96	5

n	経験検出力								理論検出力
	大標本 t 検定				ブートストラップ t 検定				駅徒歩
	定数項	床面積	築年数	駅徒歩※	定数項	床面積	築年数	駅徒歩	
10	77.56	99.08	68.67	19.19（6.76）	54.66	97.14	44.28	6.86	8.31
50	100	100	99.89	24.15（20.14）	99.99	100	99.83	20.90	22.19
170	100	100	100	58.94（58.18）	100	100	100	57.87	59.36

注）ブートストラップ t 検定以外は表 6.5 と表 6.6 の再掲．※の括弧内はサイズ修正済み検出力．$R = 1$ 万，$B = 5$ 千．

トストラップ t 検定は全ての n でサイズの歪みがほぼ無い.

　経験検出力についてはブートストラップ t 検定より大標本 t 検定の方が高いが，これは大標本 t 検定の方が高性能との意味ではない．6.1.3 項で説明したように，大標本 t 検定のサイズが歪んだため見掛け上の検出力が上がっただけだ．実際，駅徒歩のサイズ修正済み検出力と駅徒歩のブートストラップ t 検定の経験検出力はほぼ同じであり，性能にほとんど差は無いことが解る．また，ブートストラップ t 検定はサイズがほぼ歪まないので，サイズ修正をしなくても経験検出力が理論検出力に近いことも解る.

　ところで，6.2.3 項では，$n = 10$ の実データで駅徒歩が有意だったのは，大標本 t 検定のサイズが上方に歪んだため本当は有意でないのに有意と誤判定されたのだろうと考察した．一方，ブートストラップ t 検定ではサイズが歪まないので，$n = 10$ の実データでも駅徒歩は有意にならなかった（表 7.3）と考えられる．つまりブートストラップでサイズを分析者の意図通りに制御した適切な検定ができたと言えるだろう.

7.2.3　補足

　ここまでは $\varepsilon_i | X_i \sim i.i.d.(0, \sigma^2)$ との仮定をしてきた．誤差項の正規性は緩めたが，独立同一分布性は依然として仮定している.

　ここで，$n = 170$ の実データによる（7.2）式の OLS 残差 e_i の 2 乗と床面積のデータをプロットすると，床面積が広いと e_i^2 が大きくなるように見える（図 7.3）．以下のように誤差項の分散が同一でない可能性がある.

$$\varepsilon_i | X_i \sim i.n.i.d.(0, f(床面積_i)), \quad f(\cdot) \text{ は何らかの関数}$$

$i.n.i.d.$ は独立非同一分布（independent but not identically distributed）の略称だ．この現象は誤差項の不均一分散と呼ばれ，本章で説明した大標本 t 検定もブートストラップ t 検定においても，n が十分大きいとしても正しく機能しなくなる.

　不均一分散に漸近的な理論で対処するには加重最小 2 乗法や White (1980) の手法を，ブートストラップで対処するにはワイルドブートストラップを使

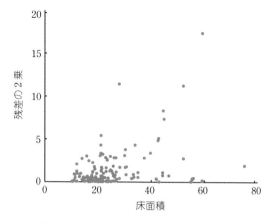

図 7.3 家賃の回帰残差の 2 乗と床面積のプロット

う[10]．漸近理論もブートストラップも，統計モデルや仮定に合わせてやり方を変えるのが肝心である．

7.3 現代の統計学におけるブートストラップ

本章ではブートストラップを解説した．t 検定にブートストラップを適用し，サイズの歪みの軽減に効果を発揮することを示した．

ブートストラップは解析的に解くのが難しい問題をコンピューターで解く．コンピューターがあれば，難問にも必ず何らかの答えを出せる．とは言え，これは解析的な計算が不要になったとの意味ではない．ブートストラップが効果を発揮する理屈を解析的に解明しないと，ブートストラップが出した答えが本当に正しいのか，正しくない場合はどう対応するか，といった重要なことが解らないからだ．

これらのことをブートストラップやモンテカルロ実験で数値的に調べるのも不可能ではないだろうが，1 つ 1 つの問題に対して個別に分析を行わねばならず，現実的でない．実際，本章の実験で示したサイズの歪みの削減効果にして

---

10) 加重最小 2 乗法は山本 (1995)，ワイルドブートストラップは Horowitz (2019) 等を参照．

も，特定の DGP における特定の手法への状況証拠に過ぎない.

　ブートストラップが広い範囲の統計モデルにおいて一定の緩い仮定の下で有効だと言えるのは，解析計算による多くの研究の成果である[11]. 現代の統計学では，解析計算と数値計算を補完的に用いるのが肝要だ.

演習問題

　表 7.3 の回帰の追検証を行い，ブートストラップの理解を深める.

7.1　「床面積の 1m^2 増加による家賃上昇効果は，築年数の 1 年増加による家賃下降効果の -3 倍」との検定問題 $H_0 : \beta_2 = -3\beta_3$　$H_1 : \beta_2 \neq -3\beta_3$ を考える.

　$\theta = \beta_2 + 3\beta_3$ としてこの検定問題を $H_0 : \theta = 0$　$H_1 : \theta \neq 0$ と書き直し，t 検定統計量 $t = \dfrac{\hat{\theta}}{\sqrt{Var(\hat{\theta})}}$ を使うことにする. 表 7.3 と同じ $n = 10,170$ の実データを使い，$\alpha = 0.05$ でこの大標本 t 検定を行え.

7.2　演習問題 7.1 の t 検定を，残差ブートストラップを使って行え.

7.3　ここまでは，$\hat{\theta}$ の漸近分布の分散を解析計算に基づき $\widehat{Var(\hat{\theta})}$ で推定した. ただ，高度な統計モデル等では，推定量の漸近分布が扱い難く，解析的な分散推定が困難な場合がある. この時は t も t^* も計算できなくなる.

　こうした状況を念頭に，仮に $\widehat{Var(\hat{\theta})}$ が計算困難と想定する. この場合の検定には θ の信頼区間が利用できる. まず，$\hat{\theta} - \theta$ の確率分布の上側 $100 \times (\alpha/2)\%$ 点を $U(\alpha/2)$，下側 $100 \times (\alpha/2)\%$ 点を $L(\alpha/2)$ とすると以下を得る.

$$P(L(\alpha/2) \leq \hat{\theta} - \theta \leq U(\alpha/2)) = 1 - \alpha$$

$$\xrightarrow{\ \theta について解く\ } P(\hat{\theta} - U(\alpha/2) \leq \theta \leq \hat{\theta} - L(\alpha/2)) = 1 - \alpha$$

これより信頼係数 $100 \times (1 - \alpha)\%$ の信頼区間が $[\hat{\theta} - U(\alpha/2), \hat{\theta} - L(\alpha/2)]$ となる. そして，$U(\alpha/2)$ と $L(\alpha/2)$ は解析計算では求まらない（$\widehat{Var(\hat{\theta})}$ が計算困難だから）ので以下のようにブートストラップで求める.

step.1　ブートストラップ再抽出データで，$\hat{\theta}^* - \hat{\theta}$ の計算を B 回繰り返す.

step.2　step.1 で得た B 個の $\hat{\theta}^* - \hat{\theta}$ を昇順に並び変えた時の $B \times (1 - \alpha/2)$ 番目の値を $U^*(\alpha/2)$，$B \times (\alpha/2) + 1$ 番目の値を $L^*(\alpha/2)$ とする.

　後は，このブートストラップ信頼区間 $[\hat{\theta} - U^*(\alpha/2), \hat{\theta} - L^*(\alpha/2)]$ が 0 を含まないなら有意水準 α で $H_0 : \theta = 0$　$H_1 : \theta \neq 0$ の H_0 を棄却する. 信頼区間と仮説検定のこう

---

11)　3 章で扱う高次元回帰でもブートストラップは有効だ. Horowitz (2019) 等を参照.

した対応関係については，田中 (2011) 等を参照のこと．

　$n = 170$ と $n = 10$ の実データを使い，$\alpha = 0.05$ でブートストラップ信頼区間に基づく検定を行え．

7.4　ここまで，$H_0 : \theta = 0$　$H_1 : \theta \neq 0$ の検定を大標本 t 検定，ブートストラップ t 検定，ブートストラップ信頼区間，の 3 種類で行った．モンテカルロ実験でこれら 3 つの経験サイズを $n = 10, 50, 170$ で計測し，検定の性能を論ぜよ．

— 第 **8** 章 —

データを可視化する：
主成分分析，因子分析，
多次元尺度構成法

　本章では「データの可視化」をテーマとして，主成分分析，因子分析，多次元尺度法について学ぶ．まず p 個の変数 $X_1, X_2, \ldots, X_p$ に関する n 組の観測値 $\{(X_{i1}, X_{i2}, \ldots, X_{ip})', i = 1, \ldots, n\}$ は，**多変量データ**と呼ばれ，表 8.1 のように与えられる．

　このとき，i 行目の観測値は，個人や事物など分析対象とする**個体** "i" に関する p 変量の観測値であり，以下では個体 "i" のデータと呼ぶ．主成分分析は，多変量変数を少数次元の変数へ合成して要約する手法であり，因子分析は多変量変数の背後に少数の観測されない因子を想定し，因子により観測変数を説明することを目的とした多変量解析手法である．多次元尺度法は，多変量データを低次元空間に布置してデータを可視化する手法である．

表 8.1　多変量データ

個体/変数	X_1	X_1	$\cdots$	X_p
1	X_{11}	X_{12}	$\cdots$	X_{1p}
2	X_{21}	X_{22}	$\cdots$	X_{2p}
$\vdots$	$\vdots$	$\vdots$		$\vdots$
k	X_{k1}	X_{k2}	$\cdots$	X_{kp}
$\vdots$	$\vdots$	$\vdots$		$\vdots$
n	X_{n1}	X_{n2}	$\cdots$	X_{np}

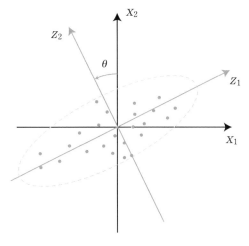

図 8.1　軸の回転と主成分

8.1 主成分分析

8.1.1 主成分分析の考え方

p 変数の多変量データ $\{X_{1i}, X_{2i}, \ldots, X_{pi}, i = 1, \ldots, n\}$ に対して，これを p より小さい次元に縮小する問題を考える．元データを X_{ki}^* としたとき，以下で扱う多変量データは各変数の平均からの偏差 $X_{ki} = X_{ki}^* - \bar{X}_k$ で測定されているとする．いま $p = 2$ の場合について，X_1, X_2 のそれぞれが平均ゼロで，図 8.1 に示されたように破線で囲まれた範囲に右上がりの傾向で分布しているとする．このとき，(X_1, X_2) の座標系を $\theta°$ 反時計回りに回転させてできる新たな座標系 (Z_1, Z_2) では，Z_1 軸方向にデータが散らばり分散 $V(Z_1)$ が大きく，これと直交する Z_2 軸上でみるとデータの分散 $V(Z_2)$ は小さい．つまり，$V(Z_1) \geq V(Z_2)$ の関係があり，データの変動の多くは Z_1 軸の 1 次元で説明されると判断できる．この意味で 2 次元から 1 次元に縮小されたと解釈するのが主成分分析の考え方である．

一般に，平均ゼロをもつ確率変数ベクトル $\mathbf{X} = (X_1, X_2, \ldots, X_p)'$ の一次変換

$$Z_r = c_{1r}X_1 + c_{2r}X_2 + \cdots + c_{pr}X_p = \mathbf{C}_r'\mathbf{X} \qquad (8.1)$$

による p 個の新たな軸で定義される変数 $Z_1, Z_2, \ldots, Z_p$ を考え，図のように変数 Z_1 で分散が最大，変数 Z_2 の分散が次に大きくなるように軸の回転角度を決める．つまり $\mathbf{C}_r$ をまとめた行列 $\mathbf{C} = (\mathbf{C}_1, \ldots, \mathbf{C}_p)$ は座標の回転を決める直交行列である．このとき，新しい座標系における各変数の分散は $V(Z_r) = E(Z_r^2) = E(\mathbf{C}_r' \mathbf{X} \mathbf{X}' \mathbf{C}_r) = \mathbf{C}_r' E(\mathbf{X} \mathbf{X}') \mathbf{C}_r$ と表される．ここで $V(Z_1) \geq V(Z_2) \geq \cdots \geq V(Z_p)$ かつ $Z_r \perp Z_s (r \neq s)$ となり（8.4 節参照），Z_r を**第 r 主成分**，$\mathbf{C}_r = (c_{1r}, c_{2r}, \cdots, c_{pr})'$ を**主成分ベクトル**，Z_r のデータ $Z_{ri} = c_{1r} X_{1i} + c_{2r} X_{2i} + \cdots + c_{pr} X_{pi}$ は**第 r 主成分スコア**と呼ぶ．

いま $q (< p)$ 個の主成分 $\mathbf{Z} = (Z_1, Z_2, \ldots, Z_q)'$ までを考えたとき，$\mathbf{X} = (X_1, X_2, \ldots, X_p)'$ の次元 p よりも小さな次元 q に縮小するのが主成分分析である．

p 次元の $\mathbf{X} = (X_1, X_2, \ldots, X_p)'$ を $q = 2$ 次元の $\mathbf{Z} = (Z_1, Z_2)'$ に縮小した場合，n 個のデータに対する主成分スコア $\{(Z_{1i}, Z_{2i}), i = 1, \ldots, n\}$ を (Z_1, Z_2) 空間上に付置して個体のポジションが可視化できる．同時に主成分ベクトル $\mathbf{c}_k = (c_{k1}, c_{k2})'$ は，変数 X_k の重要度を 2 次元空間上で表した変数ベクトルの意味を持ち，これを同じ空間上にベクトルとして描いて個体のポジションと変数ベクトルを重ね合わせて可視化するのが**バイプロット**である．この使い方は，次節の分析例で説明する．

また $\mathbf{X}$ の全変動のうち何 % が q 個の主成分 $\mathbf{Z}$ で説明されたのかを表す指標として，次の**寄与度**がある．章末の 8.4 節に説明は譲るが，$\mathbf{X}$ の標本共分散行列 $\mathbf{S} = \frac{1}{n-1} \sum_{i=1}^n \mathbf{X}_i \mathbf{X}_i'$ の固有値 $\lambda_1 \geq \lambda_2 \geq \cdots \lambda_p \geq 0$ により

$$\frac{\sum_{r=1}^q V(Z_r)}{\sum_{k=1}^p V(X_k)} = \frac{\sum_{r=1}^q \lambda_r}{\sum_{k=1}^p \lambda_k} \tag{8.2}$$

が成り立つことから，寄与度は変数 X の変動 $\sum_{k=1}^p V(X_k)$ の何 % が次元縮小された Z の変動 $\sum_{r=1}^q V(Z_r)$ によって説明されたかを示す指標となる．

8.1.2 分析事例：ホテル利用者の評価による市場ポジションの可視化

表 8.2 は，東京のホテル 121 件のある期間の「最低価格」と利用者に対して行ったアンケート調査での「環境」，「清潔」，「施設」，「ロケーション」，「セキ

ュリティ」および「スタッフ」に関する 10 点評価の平均値を表している．このデータは機械学習コミュニティ Kaggle で公開しているデータ（Japan Hostel Dataset）の一部である．これに対して主成分分析を適用する．

　主成分分析は R の様々なパッケージに組み込まれているが，princomp を使用した例を示す．手順としては，①データの読込みと scale を用いたデータの標準化，②主成分分析の実行と出力，③ biplot による主成分の可視化である．

　図 8.2 は主成分分析の結果を示しており，すべての主成分(Comp.1〜Comp.7) のそれぞれの分散と累積分散を示している．図の上のグラフでは，最初の 2 つの主成分の分散が約 1.93 および 1.03 であり，累積分散が 0.692 に達していることから，二次元で全体の約 69% である．

　次に第 2 主成分までの結果を使った可視化を行う．各データの主成分と主成分ベクトルを同時に図にあらわした**バイプロット**を図 8.3 に示した．図内の数字は各ホテルの位置（主成分），また矢印は主成分ベクトルを表している．矢印を 12 時方向から時計回りで見てみると，「最低価格」と「ロケーション」ベクトルが比較的近く，301，311 および 327 などのホテルがこの特徴と比較的にマッチしていることを示し，これらはコストパフォーマンス重視型のホテルと評価されていると推測できる．続いて，「施設」，「環境」および「清潔」ベクトルがほぼ重なり，この方向は環境重視型と捉えることができる．最後に，「スタッフ」および「セキュリティ」が比較的近い方向であり，この方向に点在するホテルはサービス重視型のホテルと評価されている．多くのホテル

表 8.2　ホテルの評価調査データ

ホテル	最低価格	環境	清潔	施設	ロケーション	セキュリティ	スタッフ
1	3,600	8	7	9	8	10	10
2	2,600	8	7.5	7.5	7.5	7	8
3	1,500	9.5	9.5	9	9	9.5	10
4	2,100	5.5	8	6	6	8.5	8.5
5	3,300	8.7	9.7	9.3	9.1	9.3	9.7
6	2,200	6.7	7.2	6.8	8.5	7.8	8.5
7	2,000	8.1	8.3	8.4	7.8	8.9	9.1
⋮	⋮	⋮	⋮	⋮	⋮	⋮	⋮

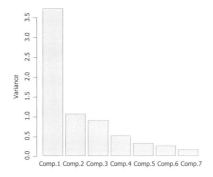

```
Importance of components:
                          Comp.1     Comp.2     Comp.3     Comp.4
Comp.5
Standard deviation     1.9326920 1.0341435 0.9523340 0.70541491
0.57248045
Proportion of Variance 0.5380609 0.1540521 0.1306426 0.07167956
0.04720928
Cumulative Proportion  0.5380609 0.6921130 0.8227555 0.89443510
0.94164439
                          Comp.6     Comp.7
Standard deviation     0.49906172 0.39503259
Proportion of Variance 0.03587687 0.02247874
Cumulative Proportion  0.97752126 1.00000000
```

図 8.2　主成分分析の結果

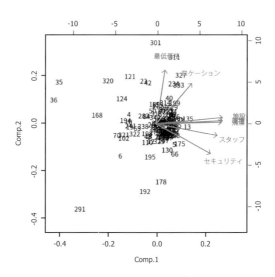

図 8.3　主成分分析のバイプロット

が矢印の方向に布置してある反面，逆方向に位置するホテルも見られるが，これらは矢印の属性と逆の特徴を持つと解釈できる（例えば，10 時方向にある，35，36 のホテルは，「セキュリティ」および「スタッフ」評価が低い）．また，原点の近くにあるホテルは，最初の 2 つの主成分では差が見えず，2 次元では説明が難しく，高次元の情報を見る必要のあるサンプルであることを示している．

8.2 因子分析

8.2.1 因子分析の考え方

因子分析は多くの変数をより少ない観測されない変数（因子）で表す手法である．例えば，5 個の変数 X_1, X_2, $\cdots$, X_5 のそれぞれが，2 個の因子 f_1, f_2 で決定されること，つまり

$$
\begin{aligned}
X_1 &\simeq a_{11}f_1 + a_{12}f_2 \\
X_2 &\simeq a_{21}f_1 + a_{22}f_2 \\
X_3 &\simeq a_{31}f_1 + a_{32}f_2 \\
X_4 &\simeq a_{41}f_1 + a_{42}f_2 \\
X_5 &\simeq a_{51}f_1 + a_{52}f_2
\end{aligned} \tag{8.3}
$$

で表現できることを仮定するのが因子分析である．ここで f_1, f_2 は 5 つの変数すべてに係る**共通因子**，その影響度を変数ごとに表す係数 a_{ij} は**因子負荷量**と呼ばれる．

いま，因子負荷量が $a_{41} \simeq a_{51} \simeq 0$, $a_{12} \simeq a_{22} \simeq a_{32} \simeq 0$ であり，その他がゼロではない値をとるとき，

$$
\begin{aligned}
X_1 &\simeq a_{11}f_1 \\
X_2 &\simeq a_{21}f_1 \\
X_3 &\simeq a_{31}f_1 \\
X_4 &\simeq a_{42}f_2 \\
X_5 &\simeq a_{52}f_2
\end{aligned} \tag{8.4}
$$

と表される．このとき変数 X_1, X_2, X_3 は因子 f_1 だけによって決まり，それぞれの違いは因子負荷量 a_{11}, a_{21}, a_{31} による違いと解釈できる．同様に，変数 X, X_5 は因子 f_2 のみで決まり，違いは因子負荷量 a_{42}, a_{52} の値であることがわかる．このとき，5つの変数は，(X_1, X_2, X_3) のグループおよび (X_4, X_5) のグループにまとめられる．共通因子には各因子でまとめられた変数のグループを総括する名前が付けられる．例えば，変数が数学 (X_1)，物理 (X_2)，化学 (X_3)，国語 (X_4)，英語 (X_5) の基本5教科の試験の点数を因子分析した例が有名であり，その場合，数学，物理，化学が共通因子 (f_1) でまとめられ，国語，英語は別の共通因子 f_2 でまとめられる．f_1 は理系因子，f_2 は文系因子として一般にも理解できる因子分析の例として知られている．

8.2.2　因子分析のモデル

因子分析のモデルは

$$X_1 = a_{11} f_1 + a_{12} f_2 + \cdots + a_{1q} f_q + \varepsilon_1$$
$$X_2 = a_{21} f_1 + a_{22} f_2 + \cdots + a_{2q} f_q + \varepsilon_2$$
$$\vdots$$
$$X_p = a_{p1} f_1 + a_{p2} f_2 + \cdots + a_{pq} f_q + \varepsilon_p \tag{8.5}$$

と表される．ここで $f_1, \ldots, f_q$ は共通因子，a_{kr} は因子負荷量，ε_k は変数 X_k の**独自因子**と呼ばれ，回帰モデルの誤差項に対応し，説明変数の共通因子とは無相関と仮定する．また共通因子は，直接観測できない**潜在変数**であり，f_i は平均ゼロ，分散1を持ち，互いに無相関であること，すなわち，$E(f_i) = 0$, $Cov(f_j, f_k) = 0 (j \neq k)$ の仮定をおく．このとき，(8.5) 式を行列表記すれば

$$
\begin{array}{ccccc}
\mathbf{X} & = & \mathbf{A} & \mathbf{F} & + & \varepsilon \\
{[p \times 1]} & & {[p \times q]} & {[q \times 1]} & & {[p \times 1]}
\end{array}
\tag{8.6}
$$

となり，$\mathbf{F} = (f_1, \ldots, f_q)'$ を確率変数とすると $\mathbf{X}$ の共分散行列は次のように書かれる．

$$Cov(\mathbf{X}) = E(\mathbf{A}F + \varepsilon)(\mathbf{A}F + \varepsilon)' = \mathbf{A}E(\mathbf{F}\mathbf{F}')\mathbf{A}' + E(\varepsilon\varepsilon') \qquad (8.7)$$

ここで $E(\mathbf{F}\mathbf{F}')$ は単位行列，$E(\varepsilon\varepsilon')$ は回帰分析と同様に対角成分に分散 σ_i^2 をもつ $\mathbf{D} = \mathbf{diag}(\sigma_1{}^2, \cdots, \sigma_\mathbf{p}{}^2)$ である．$\mathbf{X}$ の共分散行列を Σ としたとき (8.7) 式は次のように表される．

$$\Sigma = \mathbf{A}\mathbf{A}' + \mathbf{D} \qquad (8.8)$$

このとき因子モデルの問題は Σ の推定値である標本共分散行列 $\hat{\Sigma} = \mathbf{S}$ を使って，$p \times q$ の因子負荷行列 $\mathbf{A}$ および $\mathbf{D}$ を推定することであり，様々な推定法が提案されている．また因子モデルでは，(8.6) 式における $\mathbf{F}$ は**因子スコア**と呼ばれ，各因子の個体にとっての重要度と解釈できる．これは X を目的変数，推定値 $\hat{\mathbf{A}}$ を説明変数とした回帰モデルの回帰係数として，$\hat{\mathbf{F}} = (\hat{\mathbf{A}}'\hat{\mathbf{A}})^{-1}\hat{\mathbf{A}}'\mathbf{X}$ で推定できる．

8.2.3 分析事例：歯磨きブランドの属性因子の可視化

日経 MJ 紙（2021 年 5 月 10 日）に掲載された歯磨きブランドの評価データを分析する．表 8.3 は，歯磨きの 11 ブランドにおける「機能性」，「商品価値と価格のバランス」，「商品コンセプト」，「テレビ CM」，「ターゲット設定」，「ネーミング」および「POP などの店頭販促物」の 7 属性について流通業バイヤーに対して行った調査結果である．この調査は，各ブランドについて上記の属性項目が良いか否かを問うもので，例えば，第 1 の質問の場合，機能性が良いと評価した人数を表している．

R による因子分析の手順としては，①データの読み込みと標準化，②固有値による因子数の決定，③ fa 関数による因子モデルの推定と結果の出力，④ヒートマップによる結果の可視化である．

図 8.4 は，因子の数による固有値の変化を示すスクリープロットである．因子数の選択については，スクリープロットにおいて「値が急減に下がり収まるまで」，または「1 を超える固有値の数まで」などをいくつかの考え方があるが，ここではこれらの基準から 2 つの因子で分析する．図 8.5 は分析結果を示している．Uniquenesses は，独自分散 $\mathbf{D} = diag(\sigma_1{}^2, \cdots, \sigma_p{}^2)$ の推定値を

表 8.3 歯磨きブランドの調査データ

ブランド	機能性	商品価値と 価格の バランス	商品 コンセプト	テレビ CM	ターゲット 設定	ネーミング	POP などの 店頭販促物
1	61	42	58	53	47	56	22
2	59	36	66	50	67	52	8
3	59	41	56	58	471	48	22
4	58	34	64	38	78	47	13
5	61	34	50	52	45	31	20
6	16	41	42	44	41	61	27
7	28	45	50	48	36	44	25
8	56	23	48	23	44	27	9
9	42	27	44	25	36	34	13
10	61	17	55	3	42	27	2
11	33	11	34	5	31	22	3

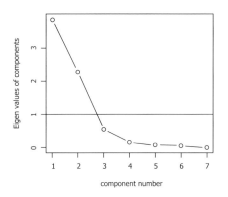

図 8.4 スクリープロット：因子の数と固有値

表し，数字が比較的小さい「商品コンセプト」（0.005），「商品価値と価格のバランス」（0.005）は因子モデルで十分に説明されているが，比較的大きい独自分散を持つ「機能性」（0.354），「ターゲット設定」（0.290）については必ずしも十分説明されていない．Proportion Var は因子の説明力を示しており，2 つの次元で全体のデータに対し 84.3%（0.843）の説明力があることを表している．

```
Uniquenesses:
        機能性    商品価値と価格のバランス    商品コンセプト
        0.354                   0.005              0.005
       テレビ CM            ターゲット設定         ネーミング
        0.124                   0.290              0.278
POP などの店頭販促物
        0.045


Loadings:
                       Factor1   Factor2
機能性                  -0.186     0.782
商品価値と価格のバランス   0.988     0.139
商品コンセプト            0.311     0.948
テレビ CM               0.914     0.199
ターゲット設定            0.172     0.825
ネーミング               0.824     0.207
POP などの店頭販促物      0.934    -0.287

                 Factor1 Factor2
SS loadings        3.524   2.375
Proportion Var     0.503   0.339
Cumulative Var     0.503   0.843

Test of the hypothesis that 2 factors are sufficient.
The chi square statistic is 15.18 on 8 degrees of freedom.
The p-value is 0.0557
```

図 8.5 因子分析の結果

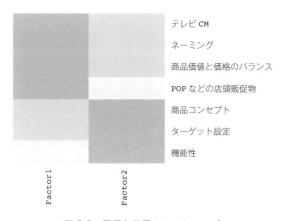

図 8.6 因子負荷量のヒートマップ

最後に，図 8.6 では因子ごとに因子負荷量（loadings）の大きさを，ヒート
マップで可視化している．図の横軸は因子の次元，縦軸は変数を意味し，色が
濃いほど因子負荷量が大きいことを示している．因子の解釈として，第 1 因
子は，CM やコストパフォーマンス，ネーミング，POP などの負荷量が大き

く，「マーケティング戦略因子」と解釈でき，商品コンセプト，ターゲット設定および機能性の負荷量が大きい第 2 因子は，「ブランドコンセプト因子」と解釈できる．この結果から，合計 7 つの変数が二次元に圧縮された．

8.3　多次元尺度構成法

8.3.1　多次元尺度構成法の考え方

多次元尺度構成法（multi-dimensional scaling，MDS）は多変量解析の手法の 1 つであり，分析対象の関係を分析する際，分析対象を低次元空間で類似する対象を近くに，異なる対象を遠くなるように配置する手法である．多次元尺度法は，まず個体間の類似度を属性要素間の距離を用いて計算して距離行列を作る．個体間の距離を計算する方法はいくつかあるが，一般的に使われる手法であるユークリッド距離は，(8.9) 式で表される．

$$d_{ij} = \sqrt{\sum_{m=1}^{p} (x_{im} - x_{jm})^2} \tag{8.9}$$

ここで，x_{im} は個体 i の m 番目の変量で，p は変量の次元を示している．MDS は多次元データを低次元（二次元など）の空間に布置して可視化する手法であるが，距離のみで個体間の類似性は表現できず，ある点を原点としてあらかじめ決めておく必要がある．例えば，図 8.7 のように，個体 C を原点とした場合，個体 A，B は類似していると見なすことができるが，個体 D を原点とした場合，個体 A，B は全く類似していないと解釈される．このように個体間の距離が一定であっても，仮定する原点によっては類似性の見方が異なる．

MDS では，原点が個体 r の場合の個体 i，j の類似性として個体の属性ベクトルの内積を考える．この個体属性ベクトルの内積は幾何学的表現により

$$s_{ij}{}^{(r)} = d_{ir}d_{jr}\cos\theta \tag{8.10}$$

で表現できる．さらに余弦定理を用いて

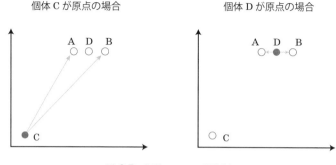

図 8.7 個体 A, B の類似性

$$d_{ij}^2 = d_{ir}^2 + d_{jr}^2 - 2d_{ir}d_{jr}\cos\theta \tag{8.11}$$

が成立する．ここで，d_{ir} は個体 i の原点 r からの距離を表す．(8.11) 式により，(8.10) 式は

$$s_{ij}^{(r)} = -\frac{1}{2}(d_{ij}^2 - d_{is}^2 - d_{js}^2) \tag{8.12}$$

と書ける．実際の分析ではどの個体を原点とするかによって結果が異なることから，原点を個体 s ではなく全個体の平均を用いる．この場合，(8.12) 式は

$$s_{ij} = -\frac{1}{2}\left(d_{ij}^2 - \sum_{k=1}^{n}\frac{d_{ik}^2}{n} - \sum_{k=1}^{n}\frac{d_{kj}^2}{n} + \sum_{i=1}^{n}\sum_{j=1}^{n}\frac{d_{ij}^2}{n^2}\right) \tag{8.13}$$

となり，n 個の個体間の類似度行列 S が得られる．MDS はこの類似度行列 S を用いて低次元での個体の座標を計算する．S は対称行列であることから座標の求め方は，相関行列を用いた主成分分析と形式的に同じになる．したがって 8.1 節で見たように，S に対する主成分スコアを抽出して，低次元空間（二次元など）上にスコアを座標として布置して個体間の関係性を可視化する．

上述の数値が意味を持つ量的データに対する MDS は**計量多次元尺度構成法**と呼ばれている．他方，消費者アンケート調査などの質的データの場合は，数値が絶対的意味を持たない順序尺度となることが多く，上述の距離と意味合いが異なる．この質的データに対する分析手法として**非計量多次元尺度構成法**

がある．そこでは (8.14) 式の代わりにストレス（stress）統計量を使うアルゴリズムなどが提案されている．非計量多次元尺度法やストレス統計量については，金 (2007) などを参考されたい．

8.3.2 分析事例：家計消費から見た都道府県の類似性の可視化

表 8.4 は 47 都道府県の「米」，「食パン」，「他のパン」などの消費データを含む 226 変数のデータである．これは独立行政法人統計センターが公開している 2021 年都道府県別の家計消費データ SSDSE-C-2021 の一部である．

R による分析手順は，①データ読込みと距離行列への変換，② MDS 関数による計算，③二次元配置図で結果の可視化である．

図 8.8 はユークリッド距離を用いた距離行列の一部を示している．

次に，MDS 関数を使い可視化を行う．図 8.9 は家計の消費データから，各都道府県の消費習慣の相対的距離を MDS により可視化したものであり，多くの県の消費習慣の距離は物理的距離とも相関があることが見られる．例えば，「青森県」，「秋田県」，「福島県」，「宮城県」，「岩手県」などの多くの東北地方の県が左下側に集まり，他方，「沖縄県」や「東京都」などは，消費習性が周りと比較的距離が離れており，地方特有の消費習慣があることがわかる．

8.4 補論：主成分分析の数理

$V(Z_r) = \mathbf{C}_r'E(\mathbf{XX'})\mathbf{C}_r$ における $E(\mathbf{XX'})$ は X の平均がゼロであることから共分散行列であり，これを標本共分散行列 $\mathbf{S} = \frac{1}{n-1}\sum_{i=1}^{n}\mathbf{X}_i\mathbf{X}_i'$ で置き換える．一般に，主成分 $\mathbf{Z}$ および主成分ベクトルは，$\mathbf{C}_r$ の長さを 1 に基準化して，$\mathbf{Z}$ の分散を最大化する次の制約付き最大化問題と定式化される．

$$\max_{\theta} \widehat{Var}(Z) = \mathbf{C'SC}$$

$$\text{s.t.} \mathbf{C'C} = 1 \tag{8.14}$$

このときラグランジュ乗数を λ として $\Phi = \mathbf{C'SC} - \lambda \times (\mathbf{C'C} - 1)$ の最大化問題となり，その必要条件から次が得られる．

表 8.4 都道府県別の家計消費データ

都道府県	米	食パン	他のパン	生うどん・そば	乾うどん・そば	パスタ		学校給食
全国	23815	9860	21531	3444	2263	1271		9697
北海道	31228	9075	18168	3162	2082	1266		13769
青森県	23652	8492	16749	2964	2224	1114		11021
岩手県	25033	8472	20153	3349	2475	1305		9967
宮城県	20338	8630	19618	3068	2407	1339	⋯	8883
秋田県	19704	6918	17236	3231	3409	1019		11875
山形県	26068	7478	18158	4478	3084	1288		11997
福島県	23738	7482	17751	2963	2705	1064		10952
⋮	⋮	⋮	⋮	⋮	⋮	⋮		⋮
茨城県	21578	10035	19362	3908	2218	1391		11571

	北海道	青森県	岩手県	宮城県	秋田県	山形県	福島県
青森県	70088.50						
岩手県	51451.92	71869.09					
宮城県	58192.01	86869.34	32275.07				
秋田県	56342.21	34964.64	52275.46	67550.11			
山形県	59392.97	105383.40	56008.19	41795.96	89286.63		
福島県	50092.77	61542.09	36529.73	46301.14	48885.27	59222.67	
茨城県	55473.59	73294.86	57216.05	64474.24	62715.42	70775.82	36178.26

図 8.8 距離行列（一部）

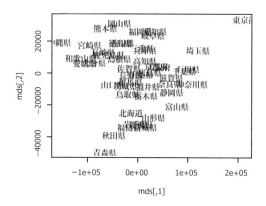

図 8.9 2 次元配置図

$$\frac{\partial \Phi}{\partial \boldsymbol{C}} = 2\boldsymbol{S}\boldsymbol{C} - \lambda 2\boldsymbol{C} = 0 \tag{8.15}$$

$$\boldsymbol{S}\boldsymbol{C} = \lambda \boldsymbol{C} \tag{8.16}$$

ここで (8.16) 式は，主成分ベクトル $\boldsymbol{C}$ が行列 $\boldsymbol{S}$ の固有値 λ に付随する固有ベクトルであることを意味する．いま $\boldsymbol{S}$ は標本共分散行列であることから対称な p 次元の正値定符号行列であり，その固有値は正で $\lambda_1 \geq \lambda_2 \geq \cdots \lambda_p \geq 0$，それに付随する固有ベクトルは互いに直交，すなわち，$\boldsymbol{C}_r \perp \boldsymbol{C}_s$ である．したがって，第 r 主成分 Z_r の分散は $V(Z_r) = \lambda_r$，主成分ベクトルが固有ベクトル $\boldsymbol{C}_r$ で決まる．よって，第 1 主成分 Z_1 は，$\boldsymbol{S}$ の最大固有値 λ_1 に付随する固有ベクトル $\boldsymbol{C}_1$ を主成分係数ベクトルとして

$$Z_1 = \boldsymbol{C}_1' \boldsymbol{X} \tag{8.17}$$

で構成される．次に第 2 主成分は 2 番目に大きい固有値に付随する固有ベクトル $\boldsymbol{C}_2$ を主成分ベクトルにもつ $Z_2 = \boldsymbol{C}_2' \boldsymbol{X}$ であり，2 つの固有ベクトルは互いに直交して，$\mathrm{Cov}(Z_1, Z_2) = E(\boldsymbol{X}' \boldsymbol{C}_1 \boldsymbol{C}_2' \boldsymbol{X}) = 0$ となることから $Z_r \perp Z_s$ となる．すなわち，固有値の大きさの順序で対応する固有ベクトルを主成分係数ベクトル $\boldsymbol{C}_1, \boldsymbol{C}_2, \ldots$ として主成分 $Z_1, Z_2, \ldots$ を抽出すればよい．

第9章

集団を分類する： クラスター分析，ナイーブ・ベイズ分類，決定木

　本章では「データの分類」を行う手法として，クラスター分析，ナイーブ・ベイズ分類，決定木について学ぶ．クラスター分析は異なる性質を持った集団を類似したグループ（クラスター）へ分類する伝統的な統計学の手法である．機械学習の分野でも用いられ，分類の際に外的な基準を用いない自動分類であることから「教師なし学習」と位置づけられる．ナイーブ・ベイズ分類はデータがどのカテゴリーに属するかを確率的に求めて分類を行う機械学習手法であり，分類基準を定め学習させて分類する「教師あり学習」の1つである．決定木は分類や判別および予測を目的に行われる AI・データマイニング手法である．

9.1 クラスター分析

　クラスター分析は，p 個の変数 $X_1, X_2, \cdots, X_P$ の情報を用いて，n 人（個）の個体 $\{\boldsymbol{X}_i' = (X_{i1}, X_{i2}, \ldots, X_{ip}), i = 1, \ldots, n\}$ をいくつかの同質なグループに分類する．同質性は個体間の類似度で定義し，個体を複数の同質的なクラスター（集団，群）に分割する．その方法は，階層的クラスター分析と非階層的クラスター分析に分かれる．

9.1.1　クラスター分析の考え方

　まずクラスターを構成する各個体間の類似度を表す数値として，個体 X_i と X_j の距離をユークリッド距離 $d_{ij} = \sqrt{(X_{i1} - X_{j1})^2 + \cdots + (X_{ip} - X_{jp})^2}$ で定義する．多変量データを図 9.1 上の距離行列にまず変換する．これらの距離行列から個体間距離の小さいものほど同質であると考えて，小さいものどうしを併合してクラスターとし，さらにこれにより構成された複数のクラスター間の距離を定義して，クラスター間の近さを測ることにより，さらにクラスターの併合を順次行う．

　いま A から E の 5 つの個体間の距離行列が図 9.1 上で与えられたとき，まず個体間の距離で最も小さい値は C と D の距離の 1 であり，これらを併合して 1 つのクラスター CD とし，次に CD と残り A，B，E 間の距離を定義する必要がある．クラスター間の距離は，最近隣法（single），最遠隣法（complete），群平均法（average），重心法（centroid），ウォード法（Ward）など様々なものが提案されている．最も使われるのがウォード法であり，2 つのクラスターを併合する際にクラスター内変動の増分が最小なものを選んで併合する方法で，最小分散法とも呼ばれる．上記の例で最近隣法を用いる場合，CD と A の距離は，C と A の距離の 7 と D と A の距離の 8 のうち，最も短い距離をクラスター距離として採用し，7 と定義する．同様に CD と B の距離は，最近隣法は 4 と 5 の小さいほうの 4 で定義し，CD と E の距離も 7 と 5 の小さいほうの 5 で定義する．以下同様に併合を行い，併合の経過と水準を樹状図で表現したのが図の下に示された**デンドログラム**である．併合の各段階において形成された各クラスターの解釈を考え，意味あるクラスターが形成されたと判断できた段階で併合手続きは終わる．この方法は，クラスターの形成過程が階層的な構造をもつことから**階層的クラスタリング**と呼ばれる．この他，各個体データはクラスターのいずれかに属してクラスター内部では同質であることを仮定して，「クラスター内の個体の変動が小さく」なるよう，すなわち，各クラスターの変動の和が最小になる最適化問題としてクラスターを求める**非階層的クラスタリング**という方法もある．

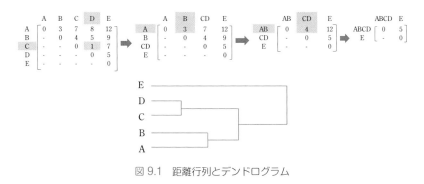

図 9.1 距離行列とデンドログラム

9.1.2 分析事例：生活指標による国の分類

表 9.1 は，2015 年の世界の生活指標を国ごとに整理したデータである．こ
れは機械学習コミュニティ Kaggle で公開しているデータ（OECD GDP Per-
capita 2015）の一部である．欠損データを含まない 36 カ国に関する「居住」，
「住居費」，「一人当たりの部屋数」，「世代当たりの可処分所得」，「世代当たり
の金融資産」，「雇用率」，「職務保障」，「長期失業率」および「個人所得」など
を含む 24 個の生活指標を用いてクラスター分析を行う．

R によるクラスター分析の手順は，①データの読込みと標準化，②各指標

表 9.1　世界の生活指標（2015 年）

国名	居住	住居費	一人当たりの部屋数	世代当たりの可処分所得	世代当たりの金融資産	…	雇用率	職務保障	長期失業率	個人所得
Australia	1.1	20	2.3	31588	47657		72	4.8	1.08	50449
Austria	1	21	1.6	31173	49887		72	3.9	1.19	45199
Belgium	2	21	2.2	28307	83876		62	5	3.88	48082
Canada	0.2	21	2.5	29365	67913		72	6.4	0.9	46911
Chile	9.4	18	1.2	14533	17733	…	62	4.4	1.59	22101
Czech Republic	0.9	26	1.4	18404	17299		68	4.1	3.12	20338
Denmark	0.9	24	1.9	26491	44488		73	5.6	1.78	48347
Estonia	8.1	19	1.5	15167	7680		68	5.2	3.82	18944
Finland	0.6	22	1.9	27927	18761		69	6.9	1.73	40060
France	0.5	21	1.8	28799	48741		64	6.5	3.99	40242
⋮	⋮	⋮	⋮	⋮	⋮	⋮	⋮	⋮	⋮	⋮

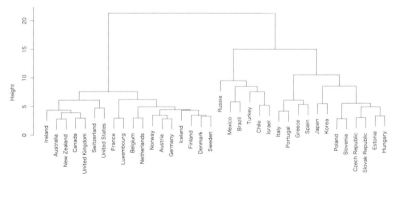

Australia：1，Austria：1，Belgium：1，Canada：1，Chile：2，Czech Republic：3，Denmark：1，Estonia：3，Finland：1，
France：1，Germany：1，Greece：3，Hungary：3，Iceland：1，Ireland：1，Israel：2，Italy：3，Japan：3，Korea：3，
Luxembourg：1，Mexico：2，Netherlands：1，New Zealand：1，Norway：1，Poland：3，Portugal：3，Slovak Republic：3，
Slovenia：3，Spain：3，Sweden：1，Switzerland：1，Turkey：2，United Kingdom：1，United States：1，Brazil：2，Russia：2

図 9.2　デンドログラムとクラスタリング

データの距離行列への変換，③ウォード法（ward.D2）による計算，④デンドログラムの作図，⑤クラスター数の決定と国のクラスタリング（分類）である．

　図 9.2 上には，ウォード法で計算して可視化されたデンドログラムが描かれている（使用する R パッケージでは，ウォード法以外にも最遠隣法，重心法なども使用できる）．その結果，生活指標から判断してメキシコとブラジル，ギリシャとスペイン，日本と韓国などの国の距離が近く，同じクラスターに分類されることがわかる．

　次に，コマンド cutree により木の高さ（height），もしくはクラスター数を決めてクラスタリングを行う．図 9.2 下は，クラスター数を 3 とした場合のクラスタリング結果を示している．生活指標で 3 つのタイプに分類する場合，各国が所属するクラスター番号が付されている．

9.2 ナイーブ・ベイズ分類

9.2.1 ベイズの定理と分類問題

ある集団に属する多くの個体のそれぞれが2通りの結果に分類できると仮定し，個体の属性データからいずれかへ分類する問題を考える．いま分類結果の事象 A は A_1 または A_2 のいずれかであり，事象 B は「n 個の要因：$(b_1, b_2, \cdots, b_n)$ から構成されている個体」を意味するとする．そのとき，ある個体 B が A_1 である確率 $P(A_1|B)$ は，ベイズの定理を用いて次で表される．

$$P(A_1|B) = \frac{P(A_1)P(B|A_1)}{P(B)} \tag{9.1}$$

個体 B の分類は，このベイズの定理に基づいて行われ，

$$P(A_1|B) > P(A_2|B) \text{ のとき，個体 } B \text{ を「} A_1 \text{」に分類} \tag{9.2}$$

と判断するのがナイーブ・ベイズ分類である．このときの問題は，(9.1) 式，(9.2) 式の右辺にある確率 $P(A_1), P(B|A_1), P(B), P(A_2|B)$ がどのように評価できるかにある．まず $P(B)$ は n 個の要因：$(b_1, b_2, \cdots, b_n)$ から構成される個体 B が観測される確率である．事象 A の結果に関わらず一定で，分類ルール (9.2) 式に影響を与えず，次と同値になる．

$$P(A_1)P(B|A_1) > P(A_2)P(B|A_2) \text{ のとき，個体 B を「} A_1 \text{」に分類} \tag{9.2}'$$

したがって分類のために必要な量は，$P(A_1)$ と $P(B|A_1)$ および $P(A_2)$ と $P(B|A_2)$ である．

まず $P(A_1)$ は集団における A_1 の確率，$P(B|A_1)$ は A_1 の集団内で属性 $(b_1, b_2, \cdots, b_n)$ をもつ個体 B が観測される確率を意味する．$P(A_2)$ と $P(B|A_2)$ も同様に定義される．ここで一般に，$P(A_1)$ は**事前確率**，$P(B|A_1)$ は**尤度**，$P(A_1|B)$ は**事後確率**と呼ばれ，上記は事後確率（事後分布）によって推論を行うベイズ統計の基礎的枠組みとなっている．

ナイーブ・ベイズ分類という分類法は，「各属性は独立」という仮定をおき，個体 B が A_1 の場合に n 個の要因が観測される確率を

$$P(B|A_1) = P(b_1|A_1)P(b_2|A_1)\cdots P(b_n|A_1) \tag{9.3}$$

で評価し，データから $P(A_1)$ および $P(B|A_1)$ を計算して $P(A_1)P(B|A_1)$ を評価する．同様に，個体 B が A_2 の場合についても，$P(B|A_2)$ を (9.3) 式と同様に計算して $P(A_2)P(B|A_2)$ を求め，(9.2) 式に従って分類する．

9.2.2 ゼロ頻度問題とベイズ確率モデル

A_k における要因 $(b_1, b_2, \cdots, b_n)$ の確率を $(p_{k1}, p_{k2}, \cdots, p_{kn})$，そのデータの頻度を $(f_{k1}, f_{k2}, \cdots, f_{kn})$ としたとき，(9.3) 式は要因の独立性のもとで，

$$P(B|A_k) = \prod_{i=1}^{n} P(b_i|A_k) = p_{k1}{}^{f_{k1}} p_{k2}{}^{f_{k2}} \cdots p_{kn}{}^{f_{kn}} = \prod_{j=1}^{n} p_{kj}{}^{f_{kj}} \tag{9.4}$$

で表される．(9.4) 式の尤度関数と見たとき p_j の推定値は $\hat{p}_{kj} = f_{kj}/\sum_{j=1}^{n} f_{kj}$ で求められる．ここで，f_{kj} に頻度ゼロを含む場合は $f_{kj} = 0$ で $\hat{p}_{kj} = 0$ となり，判別ルール (9.2)，(9.2)′ は機能しない．これは**ゼロ頻度問題**と言われる．それに対しては，事前分布を工夫したベイズ確率モデルによって解決する．詳細は 9.4 節に譲るが，事象 A_k に対して観測値が頻度ゼロの属性に対してもデータ観測以前に α_k 個の仮想的サンプルが存在すると仮定し，これを表現する事前分布を導入して事後分布 (9.1) を導出する．この事後分布を最大化する推定値として以下が得られる．

$$\hat{p}_{kj} = \frac{f_{kj} + \alpha_j - 1}{\sum_{j=1}^{n}(f_{kj} + \alpha_j)} \tag{9.5}$$

例えば，$\alpha_j = 2$ とすれば，ゼロ頻度 $f_{kj} = 0$ の場合でも出現確率は $\hat{p}_{kj} = 1/(\sum_{j=1}^{n} f_{kj} + 2n)$ でゼロとはならずに問題を回避できる．α_j の値は仮想的サンプル数と解釈でき，値の設定には恣意性が残るが，要因数が多くかつデータ数が多い場合，その影響は小さい．ナイーブ・ベイズ分類は，大規模なデータを自動的に分類する機械学習では効果的に性能が発揮される．とくに迷惑メールの自動判別が知られており，本節での分類結果 A_k が迷惑メールまたは通常メール，個体が個別メール，要因がメールに含まれる単語に対応させれば

適用が想像できる．しかし，単語の処理はやや複雑であり，他の書籍 (照井，2018) を参照されたい．

9.2.3 分析事例：広告バナー・クリックに関するユーザー分類

本節では，ネット広告への関心の有無をユーザー属性を用いて分類する問題を取り上げる．表 9.2 は，広報主が集めたユーザー 300 名の属性の「性別」，「年齢」，「推定収入」および広告バナーを「クリックしたか否か」を示すデータである．これは機械学習コミュニティ Kaggle で公開しているデータ（Social Network Ads）の一部である．

R による分析手順は，①データの読込みと「性別」データのダミー変数への変換，②クリック確率の事前分布の設定，③ナイーブ・ベイズ分類器による分類，④結果の可視化である．

まず，無作為抽出された 200 個のデータを**訓練データ**，100 個のデータを**テストデータ**として利用する．訓練データとは，モデル推定に使用するデータであり，テストデータとは，推定されたモデルの性能の検証に使うデータで，訓練データに含まれない新たなデータに対してどれくらいの予測能力があるのかを評価するために用意するデータである．表 9.3 は訓練データおよびテストデータにおけるモデルの**精度**を示している．精度は「正確に予測した例数/全体

表 9.2　ユーザー属性とネット広告のクリック

ユーザー ID	性別	年齢	推定収入	クリック
15624510	男	19	19,000	0
15810944	男	35	20,000	0
15668575	女	26	43,000	0
15603246	女	27	57,000	0
15804002	男	19	76,000	0
15728773	男	27	58,000	0
15598044	女	27	84,000	0
15694829	女	32	150,000	1
⋮	⋮	⋮	⋮	⋮
15600575	男	25	33,000	0
15727311	女	35	65,000	0

表 9.3　モデル精度

	精度
訓練データ	0.90
テストデータ	0.79

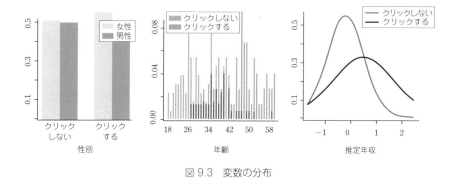

図 9.3　変数の分布

の例数」で計算される分類問題で使われる指標である．この事例では，訓練デー
タの精度は 0.90，テストデータの精度は 0.79 であり，テストデータの精度
がやや低い．テストデータの精度は訓練データより低いことが一般的であり，
訓練およびテストデータ両方における精度を用いてモデルを評価する必要がある．

　次に各変数の影響度について検討する．図 9.3 は変数の分布を示しており，
これらの分布から，①2 値をとる「性別」については，女性のクリック確率
が男性に比べてわずかに高く，②離散値をとるカテゴリカル分布となる「年
齢」については，年齢が高い人ほどクリックしやすく，③連続値をとる「推定
収入」については，収入が高い人ほどクリックしやすい，などの特徴が見られる．

9.3　決定木

9.3.1　決定木の考え方

　決定木は二値変数を目的変数とし，他の説明変数の基準によってデータを
逐次的に分類し，それを木の構造で表現する機械学習の手法である．分岐す
る変数をノード，それにより分類されたグループは，全体が木の枝から出た葉
のようなイメージができるためリーフ（leaf）と呼ばれる．以下では代表的な
アルゴリズムである CART（classification and regression trees, Breiman et
al. 1984）により説明する．表 9.4 には，あるサイトのリンクをクリックした
か否かに関するユーザー 10 人の行動およびその属性（性別および世代）のデ

表 9.4 クリック行動と属性データ

ユーザー No.	クリック (有 1, 無 0)	性別 (男性 1, 女性 0)	世代 (30 歳以上 1, 未満 0)
1	1	0	0
2	1	0	0
3	0	1	1
4	0	0	1
5	0	1	0
6	1	1	0
7	1	0	1
8	0	1	1
9	1	1	0
10	0	1	1

ータを記載している.

　まず分割により作られるグループは同質であることが望ましく，同質性の尺度として CART では経済学では所得の不平等度の尺度として学ぶジニ係数を利用する．決定木において，ジニ係数は不純度の尺度として定義される．所得が平等に分配されている状態が「不純度がなくジニ係数がゼロの状態」，一人に集中している場合が「不純度が最大でジニ係数が 1 の状態」である.

　まず表 9.4 の目的変数「クリック有」および「クリック無」で 2 つのグループを構成したときのジニ係数は下記で定義される.

$$G^{(0)} = 1 - (p_1^2 + p_0^2) \tag{9.6}$$

ここで p_1 はクリック有の確率，p_0 はクリック無の確率を表し，表のデータで $p_1 = p_0 = 5/10 = 0.5$, $G^{(0)} = 1 - (0.5^2 + 0.5^2) = 0.5$ と計算される．次に分岐（ノードと呼ぶ）として「性別」か「世代」のいずれが適切かをジニ係数により比較する．まずの性別をノードとした場合，構成される 2 つのグループのジニ係数は下記で定義される.

$$G_1^{(1)} = 1 - (p_{11}^{(1)2} + p_{10}^{(1)2}) : 男性$$
$$G_0^{(1)} = 1 - (p_{01}^{(1)2} + p_{00}^{(1)2}) : 女性 \tag{9.7}$$

ここで$p_{11}^{(1)}$, $p_{10}^{(1)}$は男性（1）のクリック確率および非クリック確率，$p_{01}^{(1)}$, $p_{00}^{(1)}$は女性（0）のクリック及び非クリック確率を意味する．これらは表のデータから$p_{11}^{(1)} = 2/6 = 0.33, p_{10}^{(1)} = 4/6 = 0.67$であり，$G_1^{(1)} = 1 - (0.33^2 + 0.67^2) = 0.442$，他方，$p_{01} = 3/4 = 0.75, p_{00} = 1/4 = 0.25$から$G_0^{(1)} = 1 - (0.75^2 + 0.25^2) = 0.375$と計算される．これらを人数で加重平均をとった性別ノードの加重ジニ係数は$0.6 G_1^{(1)} + 0.4 G_0^{(1)} = 0.415$となる．他方，世代をノードとして同様の計算をすると，世代ノードの加重平均ジニ係数は0.320となる．したがって不純度が小さく同質性の高い「世代」で第1ノードを定義するのがよいと判断する．

次に，世代のノードを条件にして，性別で分類してゆく．上記に対応して30歳以上に対して$G_1^{(2)} = 1 - (p_{11}^{(2)2} + p_{10}^{(2)2})$，30歳以下に対して$G_0^{(2)} = 1 - (p_{01}^{(2)2} + p_{00}^{(2)2})$とすれば，表のデータから$p_{11}^{(2)} = 0/3 = 0, p_{10}^{(2)} = 3/3 = 1.0$から$G_1^{(2)} = 1 - (0^2 + 1.0^2) = 0.0$，また，$p_{01}^{(2)} = 1/2 = 0.5, p_{00}^{(2)} = 1/2 = 0.5$から$G_0^{(2)} = 1 - (0.5^2 + 0.5^2) = 0.5$と計算され，加重ジニ係数は$0.6 G_1^{(2)} + 0.4 G_0^{(2)} = 0.2$となる．同様の計算を「30歳未満」ノードの「性別」で行った場合の加重ジニ係数は0.267と計算され，「30歳以上」ノードの「性別」での分類のほうが同質的な結果となっている．

以上により，ルールとしては，30歳未満のノードの女性のクリックの加重ジニ係数がゼロと計算されることから「30歳未満の女性のクリック」，30歳以上の男性の非クリックの加重ジニ係数がゼロであることから「30歳以上の男性の非クリック」ルールが明らかになる．これを図9.4で示したのが決定木である．

二値変数で分類する決定木を連続変数へ適用する場合は，回帰木（regression tree）と呼ばれる．そこでは連続変数 X の値を切断点 s によって分割し，例えば，領域を $R1 = \{X_1 : X > s\}$ および $R2 = \{X_2 : X \leqslant s\}$ などに分割して二値変数を作る．このとき切断点 s も新たな推定すべきパラメーターとなり，残差平方和

$$\sum_{i : X_i \in R1} (Y_i - \hat{Y}_{R1}(s))^2 + \sum_{i : X_i \in R2} (Y_i - \hat{Y}_{R2}(s))^2 \tag{9.8}$$

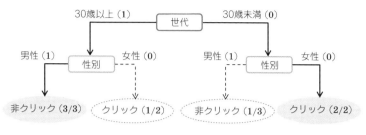

図 9.4 決定木

を最小にするように求める．ここで $\hat{Y}_{R1}(s)$ は s を固定したときの二値変数 X_1, X_2 を使った予測値を意味する．

　決定木は，決定要因が解釈しやすく視覚的に構造がわかりやすいという利点がある．他方，予測精度は他の分類方法に劣ること，またデータが少し変化しただけでも結果が大きく変わるなどの弱点も知られている．それに対して，集団学習と言われるバギング，ランダム・フォレストなど手法が提案されている．これらについては照井 (2018) を参照してほしい．

9.3.2 分析事例：旅行プラン採用集団の分類とルールの抽出

　決定木と集団学習のランダム・フォレストの分析事例を取り上げる．表 9.5 は，ある旅行会社の旅行プラン採用に関するデータである．これは機械学習コミュニティ Kaggle で公開しているデータ（Holiday Package Prediction）の一部である．目的変数は顧客の採用結果「採用」（有 1，無 0）であり，説明要因としては，顧客属性の「年齢」，「性別」（男性 1，女性 0），「旅行人数」，「旅行回数」，「パスポート」（所有 1，非所有 0），「車所有」（有 1，無 0），旅行メンバーに含まれる 5 歳以下の子供の人数を表す「子供人数」，「月収入」（万円）および旅行プランの属性「デラックスプラン」（1, 0）を考え，旅行プランの採用ルールを抽出する．データの中で，無作為抽出した 500 人を訓練データ，200 人をテストデータとして確保する．

　R による決定木分析の手順は，①データの読込み，② rpart 関数による訓練データで決定木の計算，③結果の可視化，④ prune 関数による決定木の複

表 9.5　旅行プラン採用と顧客属性データ

顧客 ID	採択	年齢	男性	旅行人数	デラックスプラン	旅行回数	パスポート	車所有	子供人数	月収入
1	1	41	0	3	1	1	1	1	0	20.993
2	0	49	1	3	1	2	0	1	2	20.13
3	1	37	1	3	0	7	1	0	0	17.09
4	0	33	0	2	0	2	1	1	1	17.909
5	0	32	1	3	0	1	0	1	1	18.068
⋮	⋮	⋮	⋮	⋮	⋮	⋮	⋮	⋮	⋮	⋮
2000	0	59	0	2	0	5	1	1	1	17.67

雑度の削減，である．

　モデル推定後，summary 関数で結果の出力が得られるが，結果を樹形図で可視化することにより全体の構造がより容易に把握できる．図 9.5 は決定木であり，上から，この段階で分類に影響がある変数が，「パスポート」，「年齢」，「月収入」，「デラックスプラン」，「子供人数」の順に選ばれている．各ノードに付された 3 つの数値は，上から「採択か否か」（0＝採択する，1＝採択しない），「採択される確率」，「ノードに所属するサンプル数の比率」を示している．一番上のノードでの解釈として，全サンプルの 19％しか旅行プランを採用しておらず，デフォルトでは「採択しない」と判断される．ここで，最初に「パスポート」を持っているか否かにより木が分岐するが，「パスポート＝0」が "yes"，すなわちパスポートを持っていない左側のノードを見てみると，パスポートを持っていない人の割合は 70％であり，そのうち 12％しか旅行プランを採用せず，全ての分類の中で最も旅行に興味がない分類となっている．旅行会社の視点からは，パスポートを持っていない時点で，他の条件に関わらず旅行プランの採用確率が極めて低いことがわかる．逆に，旅行プランを最も採用しやすいグループを上から見ていくと，「パスポート」を所有し，「年齢」が 30 歳以上，「月収入」が 23 万円以下，「デラックスプラン」ではなく，一緒に旅行する「子供の人数」が 3 人以上のグループとなる．この条件に合う 89％のグループが旅行会社のプランを採用している．ただし，このグループに所属している人数は全体のわずか 1％に過ぎない．

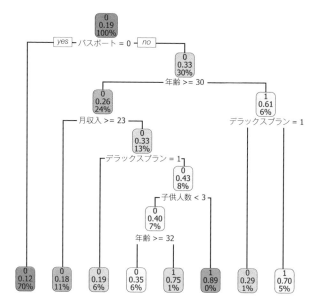

図 9.5　決定木の可視化

　図 9.5 の決定木では，多くの説明変数がノードに使われ木の分岐が多くなり
モデルが複雑になるとともに，結果の解釈が難しい．そこで回帰木の枝を刈
り込む（pruning）ことで，より簡潔な構造を抽出することを考える．どこま
で刈り込むかを判断する指標として複雑性パラメーター cp（complexity pa-
rameter）統計量が用いられる．これは決定木の大きさと複雑さを表す指標で
あり，cp 値が小さいほどモデルが複雑であることを意味する．図 9.6 のよう
に，回帰木の枝の刈り込みは prune 関数を用いて実行して可視化できる．図
9.6 左の x 軸は cp 値であり，各値に対応した木のサイズが上辺に記載されて
いる．また y 軸は cp 値（または木のサイズ）に対応した予測誤差を示してい
る．木のサイズが 1 から 3 へ変化した場合の予測誤差が大きく減少し，対応
する cp が 0.034 になるように剪定するのが合理的と言える．

　最後にモデルの精度を見てみる．表 9.6 は，訓練データおよびテストデータ
における決定木を複雑性パラメーター cp=0.034 で刈り込んだ決定木による予
測精度を示している．

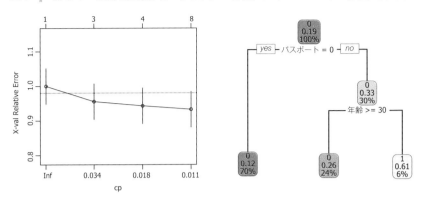

図 9.6　複雑性パラメーター（左）と刈り込んだ決定木（右，To,cp=0.034）

表 9.6　モデル評価

	訓練精度	テスト精度
決定木	84.11%	81.00%
決定木 (cp=0.034)	82.72%	79.00%

　結果として，全体的にランダム・フォレストの精度が高いが，訓練データで
は過剰適合（over-fitting）している可能性もある．一般に集団学習をはじめ
とする複雑なモデルは訓練データで過学習して過剰適合により精度が高くなる
ことが多く，テストデータの精度と合わせて評価するのが重要である．この場
合はテストデータにおいても高い精度を維持していることから過学習の懸念は
深刻ではないと判断できる．

9.4　補論：共役事前分布とベイズ確率モデル

　事象 A_k に対して事前分布として次のディリクレ分布と呼ばれる確率分布
を仮定する．ディリクレ分布は，データを n（>3）個のカテゴリーに確率 p_1,
$p_2,...,p_n(\sum_{i=1}^{n} p_i = 1)$ で振り分ける確率分布で，その確率密度関数は次で与
えられる．

$$P(A_k) = \frac{\Gamma(\sum_{i=1}^n \alpha_i)}{\prod_{i=1}^n \Gamma(\alpha_i)} \prod_{j=1}^n p_j^{\alpha_j - 1} \tag{9.9}$$

ここで α_j は事前分布のパラメーター（ハイパーパラメーターと呼ばれる），$\Gamma(\alpha_i)$ はガンマ関数を表す．このとき，事後確率は，事前確率 (9.9) と尤度関数 (9.4) の積で求められ，A_1 および A_2 に共通な定数項のガンマ関数部分を省略すると，次で表されることは容易に確認できる．

$$P(A_k|B) \propto P(A_k)P(B|A_k)$$
$$\propto \left(\prod_{j=1}^n p_{kj}^{\alpha_j - 1}\right)\left(\prod_{j=1}^n p_{kj}^{f_{kj}}\right) = \prod_{j=1}^n p_{kj}^{\alpha_j + f_{kj} - 1} \tag{9.10}$$

n 種類の要因の出現確率の総和は 1 である $\sum_{j=1}^n p_{kj} = 1$ の制約のもとで，この事後確率 $P(A_k|B)$ を最大にする推定値 $\hat{p}_{kj}$ は制約付き最大化問題として定式化され，ラグランジュ乗数法によって本章 (9.5) 式で求められる（証明略）．

　上記の事前分布と事後分布は，パラメーターが異なるが同じディリクレ分布をしており，このような関係を導く事前分布は**共役事前分布**と呼ばれる．事前分布と尤度関数の積から導出される事後分布の形は一般には容易にはわからない．その場合，マルコフ連鎖モンテカルロ法（Markov chain Monte Carlo, MCMC）など数値的に積分評価を行って事後分布を求める必要がある．他方，共役事前分布の場合には，上述の場合のように事後分布導出が容易なため，とくに大規模データの分析の場合に効果を発揮する．機械学習の分野では基礎的な要素技術として多用されている．他の共役関係としては，事前分布と尤度関数の両者に正規分布が設定できる場合，事後分布も正規分布となることが知られており，正規分布のパラメーターである平均と分散の事前・事後更新のみに注目すればよい．関心のある読者は，大関 (2018a, b)，伊庭ほか (2005)，照井 (2010) などを参照されたい．

第 10 章

判別して要因を探る： ロジスティック回帰， 判別分析

本章ではデータを「判別する」分析手法として，ロジスティック回帰，判別分析について学ぶ．ロジスティック回帰は，2値の結果を目的変数とし，いくつかの要因を説明変数とする回帰モデルであり，結果を判別する式を求めるものである．判別分析は伝統的な統計学における多変量解析の1つであり，事前に与えられたデータがいくつかのグループに分かれる場合，新しいデータがいずれのグループに入るかを判別する基準を与える分類手法である．

10.1 ロジスティク回帰

10.1.1 ロジスティック回帰の考え方

例えば，ある会社が倒産する/しないのように，**二値変数** Y を 0 か 1 で説明する回帰モデルを考える．

$$Y_t = \alpha + \beta_1 X_{1i} + \beta_2 X_{2i} + \beta_3 X_{3i} + \beta_4 X_{4i} + \beta_5 X_{5i} + \varepsilon_t \tag{10.1}$$

説明変数を条件付きとしたときの従属変数の確率分布 $P(Y_t|\boldsymbol{X}_t)$ は誤差項 ε_t の確率分布と同じ性質を持ち，Y の値に応じて二値すなわち，$\varepsilon = p\,(Y = 1\,\text{のとき})$，$\varepsilon = 1 - p\,(Y = 0\,\text{のとき})$ となる．線形回帰モデルで仮定される正規分布に従う誤差項の場合と異なり，複雑で扱いにくいモデルである．これに対しては，二値変数 Y の背後に連続値をとる潜在変数 Z を考え，説明変数に

よって

$$Z_i = \alpha + \beta_1 X_{1i} + \beta_2 X_{2i} + \beta_3 X_{3i} + \beta_4 X_{4i} + \beta_5 X_{5i} + \varepsilon_i \equiv \boldsymbol{X}_i'\boldsymbol{\beta} + \varepsilon_i \tag{10.2}$$

と表し，「$Z_i > 0$ のとき $Y = 1$，そうでなければ $Y = 0$」と判断する．このとき，$Y = 1$ の確率は

$$p_i = P(Y_i = 1|\boldsymbol{X}_i) = P(Z_i > 0|\boldsymbol{X}_i) = 1 - P(\varepsilon_i \leqslant -\boldsymbol{X}_i'\boldsymbol{\beta})$$
$$= 1 - F_\varepsilon(-\boldsymbol{X}_i'\boldsymbol{\beta}). \tag{10.3}$$

で表され，$Y = 0$ の確率は $P(Y_i = 0|\boldsymbol{X}_i) = P(Z_i \leqslant 0|\boldsymbol{X}_i) = F_\varepsilon(-\boldsymbol{X}_i'\boldsymbol{\beta})$ と表せる．ここで $F_\varepsilon()$ は誤差項の確率分布関数であり，ロジスティック分布という標準正規分布に分布を仮定したものが**ロジスティックモデル**である．ロジスティックモデルは分布関数が明示的に表され，二値変数が生じる確率が次で与えられる．

$$p_i = 1 - F_\varepsilon(-\boldsymbol{X}_i'\boldsymbol{\beta}) = \frac{1}{1 + \exp(-\boldsymbol{X}_i'\boldsymbol{\beta})}, 1 - p_i = F_\varepsilon(-\boldsymbol{X}_i'\boldsymbol{\beta})$$
$$= \frac{\exp(-\boldsymbol{X}_i'\boldsymbol{\beta})}{1 + \exp(-\boldsymbol{X}_i'\boldsymbol{\beta})}. \tag{10.4}$$

パラメーター $\boldsymbol{\beta}$ の推定は，$(Y_i, \boldsymbol{X}_i)$ に対する尤度が $P(Y_i|\boldsymbol{\beta}, \boldsymbol{X}_i) = p_i^{Y_i}$ $(1 - p_i)^{1-Y_i}$ であり，n 個のデータ $(Y_i, \boldsymbol{X}_i)$ について，尤度関数は

$$P(\boldsymbol{Y}|\boldsymbol{\beta}, \boldsymbol{X}) = \prod_{i \in \{Y=1\}} p_i \prod_{i \in \{Y=0\}} (1 - p_i)$$
$$= \left[\frac{1}{1 + \exp(-\boldsymbol{X}_i'\boldsymbol{\beta})}\right]^k \left[\frac{\exp(-\boldsymbol{X}_i'\boldsymbol{\beta})}{1 + \exp(-\boldsymbol{X}_i'\boldsymbol{\beta})}\right]^{n-k} \tag{10.5}$$

で与えられ，これを最大にする最尤推定法が適用できる．ここで $k = \sum_{i=1}^n Y_i$ は $Y = 1$ となる回数である．

10.1.2 分析事例：顧客満足の判別と要因

表 10.1 は，ある航空会社が顧客に対して行った満足度調査データである．

表 10.1　航空会社の顧客満足度調査

ID	性別	顧客タイプ	年齢	旅行目的	クラス	飛行距離	満足
70172	男	ロイヤル	13	個人	エコノミー	460	不満足
5047	男	その他	25	出張	ビジネス	235	不満足
110028	女	ロイヤル	26	出張	ビジネス	1142	満足
24026	女	ロイヤル	25	出張	ビジネス	562	不満足
⋮	⋮	⋮	⋮	⋮	⋮	⋮	⋮
119299	男	ロイヤル	61	出張	ビジネス	214	満足
111157	女	ロイヤル	26	個人	エコノミー	1180	不満足

これは機械学習コミュニティ Kaggle で公開しているデータの一部で，具体的には，顧客の属性および旅行に関する各種の状況と満足度を調査したものである．顧客 700 人分の「性別」，「顧客タイプ」（ロイヤル（メンバーシップ）か否か），「年齢」，「旅行目的」（出張か個人旅行），「クラス」（ビジネスかエコノミー），「飛行距離」（マイル）の 6 個を説明変数，また「満足」（不満か満足）を被説明変数として分析する．

　データは数値以外の情報（非数値データ）も含んでおり，R による分析手順として①データの読込みと非構造データの数値データへの変換，②データの訓練データとテストデータへの分割（訓練データとして 500 人を無作為抽出，200 人をテストデータとして確保），③ glm 関数によりロジスティクスモデルを推定，④テストデータによる判別精度の評価と混同行列の出力，となる．

　図 10.1 はロジスティック回帰モデルを最尤法で推定した結果の出力である．数値的最適化により最尤推定値を求める際，初期値から始まり推定値が収束するまで探索を繰り返すが，出力の最下部には，最適化 Fisher スコアリングアルゴリズムを用いて 5 回の繰り返しで推定値が収束したことを示している．有意な係数推定値は，「ロイヤルタイプ」顧客が 1.34，「ビジネスクラス」が 0.94 で満足度にプラスの効果を示している．他方，「個人旅行」の係数が −2.66 であり，出張より個人旅行目的で飛行機に乗ると不満足になりやすいことが推測される．「性別」，「年齢」，および「飛行距離」は有意ではない変数として推定された．

　次にモデルの予測精度によりモデル評価を行う．表 10.2 は，訓練データお

```
Call:
glm(formula = 満足 ~ ., family = binomial(link = "logit"),
    data = traindata[, c(1, 2, 3, 4, 5, 7, 10)])

Deviance Residuals:
    Min      1Q   Median      3Q     Max
-1.7103  -0.6327  -0.3245   0.8637   2.6006

Coefficients:
                  Estimate Std. Error z value Pr(>|z|)
(Intercept)    -2.229e+00  3.980e-01  -5.601 2.13e-08 ***
男              3.317e-01  2.291e-01   1.447 0.147759
ロイヤルタイプ   1.344e+00  3.112e-01   4.319 1.57e-05 ***
年齢            7.555e-03  8.707e-03   0.868 0.385598
個人的旅行目的  -2.668e+00  3.966e-01  -6.727 1.74e-11 ***
ビジネスクラス   9.461e-01  2.694e-01   3.512 0.000445 ***
飛行距離        8.845e-05  1.190e-04   0.743 0.457392
---
Signif. codes:  0 '***' 0.001 '**' 0.01 '*' 0.05 '.' 0.1 ' ' 1

(Dispersion parameter for binomial family taken to be 1)

    Null deviance: 651.08  on 499  degrees of freedom
Residual deviance: 476.23  on 493  degrees of freedom
AIC: 490.23

Number of Fisher Scoring iterations: 5
```

図 10.1　ロジスティック回帰分析

表 10.2　混同行列とモデル精度. 訓練データ（左）, テストデータ（右）

	不満足	満足	小計
不満足	260	62	322
満足	49	129	178
小計	309	191	500

精度：0.778

	不満足	満足	小計
不満足	89	25	114
満足	27	59	86
小計	126	84	200

精度：0.74

よびテストデータのそれぞれにおいて, 判別関数により正しく判別された度数および誤判別された度数を表形式にまとめたもので, 混同行列（confusion matrix）と呼ばれている. 2行2列の行列の各列は実際の結果, 各行はモデルの予測値を意味している. 混同行列における対角線成分は正解のケースを表し, 非対角成分は不正解のケースである. 例えば, 訓練データの場合, 満足（1）を予測して実際に満足（1）であったケースは, 行列（2,2）の位置にある 129 であり, 予測的中率は $129/(62 + 129) = 0.778$（約 78%）となる. 不満足の予測的中率は $260/(260 + 49) = 0.841$（約 84%）である. また全体の正解の回答率は, $(129 + 260)/(260 + 49 + 62 + 129) = 0.778$ であり, 混同行列の最下行に精度として記載している.

同様に，テストデータに対してはモデル精度が 0.7965 と計算される．この場合，テストデータに対してより精度の高い予測を行っている．

次に予測が外れるケースを考える．訓練データの予測で外れたのは，不満足（0）と予測して満足（1）である行列（1,2）の 62 と，逆に満足と予測して不満足であった行列の（2,1）成分の 49 である．まず全体の誤り率（misclassification rate）は 1 からモデル精度を引いたもので計算され，訓練データでは 0.222 で約 22% である．同様に，テストデータでは 0.26 で 26% となる．いま，満足度の予測を目的とした場合，満足（1）と予測して不満足（0）である誤りは，疾病の判断では偽陽性に対応し，機械学習では **false positive rate** と呼ばれる．仮説検定では第 1 種の過誤，または有意水準と同じ意味を持つ．同様に，不満足（0）と予測して満足（1）である場合は，**true positive rate** と呼び，偽陰性，仮説検定の用語では第 2 種の過誤と規定できる．

次に ROC 曲線について説明する．結果が 2 通りの 2 クラスの判別では，確率が 0.5 を超えた時にクラス 1 に分類する．しかし，機会損失を防ぐためにこの確率を調整する場合がある．例えば，航空会社の判断により，確率が 0.5 以上の場合でも満足と判断することもあり得る．すなわち閾値 C を設定し，C より大きな確率である場合にときクラス 1 に分類する．閾値 C はモデル適合度および予測力を高めるチューニングパラメーターとなる．一般に，閾値 C を可能な範囲で動かしたとき，横軸に false positive rate，縦軸に true positive rate をとってこれらの値をグラフにしたのが **ROC**（receiver operating characteristic）曲線（図 10.2）である．仮説検定の用語では，横軸が有意水準，縦軸が検出力を意味し，有意水準がゼロに近くかつ検出力が 1 に近いものが良い判別法を意味する．ROC 曲線下の面積（area under the curve, **AUC**）は判別法の性能の良さを表し，完全な分類が可能なときの面積は 1 で，ランダムな分類の場合は 0.5 になる．

次に最適閾値による評価を行う．紙面の都合上掲載しないが，ROC 曲線上の各点の背後にある閾値（cut point）も計算され，false positive rate の軸を 0.00 から 0.00125 刻みで 1.000 まで動かしたときの（true positive rate および閾値）の値が出力される．例えば，false positive rate：0.39， true positive

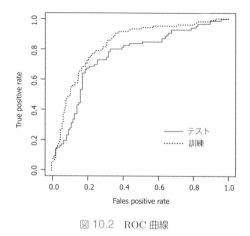

図 10.2 ROC 曲線

rate：0.64 のとき閾値は 0.35 である．これは第 1 種の過誤を 39% にしたとき，検出力を 64% にする閾値は 0.35 であり，その場合，判別確率が 0.39 を超えれば満足と予測するのが最適と判断される．0.5 より低い確率でも満足したと予測するほうが予測精度は向上する．

10.2 判別分析

10.2.1 事後確率最大化と線形判別関数

$p+1$ 個の変数 $Y, X_1, \cdots, X_p$ に関する n 組の多変量データについて，目的変数 Y が 2 つのクラスの二値変数とする．このとき，π_k をクラス k の事前確率，$f_k(\boldsymbol{X})$ をクラス k のときの $\boldsymbol{X}$ の確率分布としたとき，個体 i の目的変数 Y_i が p 個の説明変数 $\boldsymbol{X}_i = (X_{i1}, \cdots, X_{ip})'$ によってクラス k に判別される事後確率は，ベイズの定理により，次のように書ける．

$$\Pr(Y_i = k | X = \boldsymbol{x}_i) = \frac{\pi_k f_k(\boldsymbol{x}_i)}{\sum_{l=1}^{M} \pi_l f_l(\boldsymbol{x}_i)} \tag{10.6}$$

この事後確率を最大にするクラス $\max_k \Pr(Y_i = k | X = \boldsymbol{X}_i)$ を求めて判別するルールを考える．$p=1$ の場合に 2 つのクラスは平均が異なるが分散は同じ

正規分布，すなわち $N(\mu_1, \sigma^2)$ および $N(\mu_2, \sigma^2)$ と仮定すると，i 番目の観測値 Y_i がクラス 1 に判別される事後確率 (10.6) は次で表される．

$$\Pr(Y_i = 1 | X_i) = \frac{\pi_1 \frac{1}{\sqrt{2\pi}\sigma} \exp\left\{-\frac{1}{2\sigma^2}(X_i - \mu_1)^2\right\}}{\sum_{k=1}^{2} \pi_k \frac{1}{\sqrt{2\pi}\sigma} \exp\left\{-\frac{1}{2\sigma^2}(X_i - \mu_k)^2\right\}} \tag{10.7}$$

このとき $\Pr(Y_i = 1 | x_i) > \Pr(Y_i = 2 | x_i)$ となればクラス 1 と判別するが，右辺の分母はクラスに共通であり (10.7) 式の分子を最大化するクラスへ判別することになる．

　判別分析は，訓練データにおける各クラスの比率 $\hat{\pi}_1, \hat{\pi}_2 = 1 - \hat{\pi}_1$ で事前確率を推定し，パラメーター μ_k をクラス推定値 $\bar{X}_k = \hat{\mu}_k$ で置き換えて判別ルールを構成する．(10.7) 式の分子の対数をとったものにこれらを代入し，クラスに共通な項を除けば，X_i に関する**線形判別関数** z_k

$$z_k = \ln \hat{\pi}_k + X_i \left(\frac{\hat{\mu}_k}{\hat{\sigma}^2}\right) - \left(\frac{\hat{\mu}_k^2}{2\hat{\sigma}^2}\right) \tag{10.8}$$

が得られ，$z_1 > z_2$ のときクラス 1 に判別する．ここで分散の推定値 $\hat{\sigma}^2$ は訓練データ全体の標本分散 $s^2 = \sum_{i=1}^{n}(X_i - \bar{X})^2/(n-1)$ である．

10.2.2　分析事例：学生のオンライン授業選択の判別と要因

　表 10.3 は，学生のオンライン授業に対する態度についての調査データである．これは機械学習コミュニティ Kaggle で公開しているデータ（Japan Hostel Dataset）の一部である．学生がオンライン授業を選択するか否かを判断するとき，どのような要素がオンライン授業に対する態度に影響を及ぼすかを分析する．600 名の訓練データと 100 名のテストデータを確保し，変数として「性別」，「カメラ使用の有無」，「マイク使用の有無」，（黒板と比べて）「スライド授業好みの有無」，「オンライン授業に対する興味の有無」および選択可能な場合「オンライン授業選択の有無」を含む 6 つの二値変数を用いる．

　R による分析の手順は，①データの読込み，② lda 関数による判別分析，③ plot 関数による判別グループの可視化，④訓練データおよびテストデータにおける判別精度評価，である．

表 10.3 オンライン授業に対する調査表

ID	男性	カメラ使用	マイク使用	スライド授業好み	オンライン授業に興味	オンライン授業選択
1	1	0	1	0	1	1
2	1	0	1	1	1	0
3	1	1	1	0	0	1
4	1	1	1	1	1	1
5	0	1	1	0	0	1
⋮	⋮	⋮	⋮	⋮	⋮	⋮
500	1	1	1	1	0	1

```
Call:
lda(オンライン授業選択~,. data = train)

Prior probabilities of groups:
        0         1
0.7883333 0.2116667

Group means:
       男性1    カメラ使用1  マイク使用1  スライド授業好み1  オンライン授業に興味1
0  0.4503171  0.6490486  0.7843552     0.2219873        0.2896406
1  0.6614173  0.7244094  0.7401575     0.6535433        0.8818898

Coefficients of linear discriminants:
                      LD1
男性1                0.4529723
カメラ使用1           0.2884620
マイク使用1          -0.4761078
スライド授業好み1      1.0818732
オンライン授業に興味1  1.7452504
```

図 10.3 判別分析の結果

　図 10.3 は判別分析の結果を示している．まずオンライン授業を選択するか否か $(0,1)$ の訓練データでの比率を事前確率（prior probabilities）として，$\hat{\pi}_0 = 0.788, \hat{\pi}_1 = 0.212$ と計算されている．続いて各グループの平均値が出力されている．この記述統計からオンライン授業を選択した学生は，男性である確率が少し高い傾向にあり，黒板による授業よりスライド授業を好む傾向がみられる．続く項目は，線形判別係数（coefficients of linear discriminants）であり，男性（0.452），スライド授業好み（1.081），オンライン授業に興味（1.745）は正であり，これらに当てはまる学生はオンライン授業を選

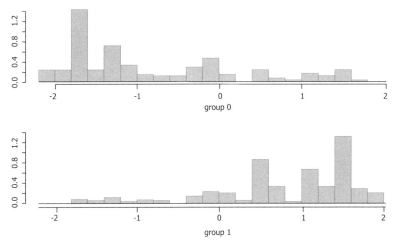

図 10.4　各グループの判別得点の分布

表 10.4　混同行列とモデル精度. 訓練データ（左），テストデータ（右）

	オンライン授業	オフライン授業	小計
オンライン授業	423	50	473
オフライン授業	55	72	127
小計	478	122	600

精度：0.825

	オンライン授業	オフライン授業	小計
オンライン授業	73	9	82
オフライン授業	11	7	18
小計	84	16	100

精度：0.8

択する確率が高くなることを示している.

　推定された判別関数は

$$f_{LD1} = 0.452 \cdot 男性 + 0.288 \cdot カメラ使用 - 0.476 \cdot マイク使用 + 1.081 \cdot スライド授業好み + 1.745 \cdot オンライン授業に興味$$

で与えられ，これにより各学生の判別得点が計算される. 図 10.4 は各グループにおける学生の判別得点の分布を示している. 2つのグループは重なる部分もあるものの，全体の傾向として，オフライン授業を選択したグループ（group 0）は判別得点がマイナス，オンライン授業を選択したグループ（group 1）は判別得点がプラスのほうに偏っており，線形判別関数で比較的明確

に判別されたことを示唆している.

最後に,訓練データおよびテストデータによるモデル評価を行う.表 10.4 は各データにおける混同行列およびモデル精度を示している.全体として訓練データおよびテストデータの両方でモデル精度は 80% を上回り,訓練データ (0.825) のほうがテストデータ (0.8) より若干精度が高い.また「オンライン授業選択」を正確に「オンライン授業選択」に判別する確率を表す**感度**(sensitivity)を計算すると,訓練データで $73/43 \approx 59.0\%$,テストデータで $17/25 \approx 43.7\%$ と比較的低い値となっている.

第11章

原因を推定する：ベイジアンネットワーク

ベイジアンネットワークは複数の変数間の依存関係をネットワーク構造で表現する手法の1つである．観測データからそのネットワーク構造を自動的に探索することで変数間の依存関係をわかりやすく可視化することができる．ネットワーク構造が因果関係を記述している場合，ある結果が生じたというデータからその結果を生じさせた原因の確率を推論するためにも用いられる．本章では，離散変数を分析するベイジアンネットワークモデルと，ベイジアンネットワークを用いた複数変数間の依存関係を分析する事例を紹介する．

11.1　ベイジアンネットワークとは

11.1.1　現象から原因を探る：ベイズの定理

ベイジアンネットワークは複数の変数の依存関係をモデル化することを主な目的としている．しかし，まずは2つの変数間の依存関係について見てみよう．ここでは，簡単な例として2値の値をとる離散確率変数 $A, B \in \{0, 1\}$ を考える．また，B の値に依存して A の値の出やすさが変化すると仮定すると，その条件付き確率 $\Pr(A|B)$ は現実世界での**因果関係**をモデル化していると考えることができる．例えば，$B = 1$ はインフルエンザワクチンを接種するという事象（$B = 0$ は非接種）で $A = 1$ はそのシーズンにインフルエンザを発症（$A = 0$ は非発症），$B = 1$ は低気圧が近づくという事象（$B = 0$ は非低気

圧）で $A = 1$ は頭痛が起こる（$A = 0$ は非頭痛），$B = 1$ は意中の人物への告白をするという事象（$B = 0$ は非告白）で $A = 1$ は恋が成就（$A = 0$ は成就以外）などを想定すればよい．また，ここでの因果関係とは必然関係（$B = 1$ ならば $A = 1$ でなければならない等）ではなく，生じる結果が確率的に変化しうる事象間の関係のことを指す．加えて，原因となり得る各事象は排反であり，かつ，結果として生じ得る各事象も排反である対象を取り扱う．

　ここで，二値変数が取りうる全パターンの条件付き確率 ($\Pr(A = 0|B = 0)$, $\Pr(A = 0|B = 1)$, $\Pr(A = 1|B = 0)$, $\Pr(A = 1|B = 1)$) と原因 B が生じる確率 ($\Pr(B = 0)$, $\Pr(B = 1)$) は図 11.1 のように与えられているとする．また，これらの条件付き確率は原因と結果の依存関係として観測・実験の結果（インフルエンザワクチンの例），過去の経験や知見（低気圧の例），個人の主観（告白の例）などで与えることができるとする．この 4 つの条件付き確率はそれぞれある 1 つの原因が与えられたときにある 1 つの結果が生じる確率を表している．この条件付き確率 $\Pr(A|B)$ は原因 B に依存して結果 A が生じる確率であり，因果の関係を順に表現している．ここで，条件付き確率 $\Pr(A|B)$ を $\Pr(A|B) = \Pr(B)\Pr(A, B)$, $\Pr(B|A) = \Pr(A)\Pr(A, B)$, $\Pr(A) = \sum_{B=\{0,1\}} \Pr(A, B)$ に注意して数式を変形してみよう．すると，**ベイズの定理**と呼ばれる次の式を得ることができる．

$$\Pr(B|A) = \frac{\Pr(B)\Pr(A|B)}{\Pr(A)} = \frac{\Pr(B)\Pr(A|B)}{\sum_{B=\{0,1\}} \Pr(B)\Pr(A|B)}$$

　この条件付き確率 $\Pr(B|A)$ の意味を考えてみよう．条件付き確率 $\Pr(A|B)$ は原因に依存する結果の確率であったが，その逆の $\Pr(B|A)$ は結果が与えられた時にその原因が何であったかの確率を表現しているとみることができる．つまり，因果関係を遡って，結果から原因を推論することができる数式となっている．また，同様に重要な性質として，その条件付き確率の値は，

$$\Pr(B = 1|A = 1)$$
$$= \frac{\Pr(B = 1)\Pr(A = 1|B = 1)}{\Pr(B = 0)\Pr(A = 1|B = 0) + \Pr(B = 1)\Pr(A = 1|B = 1)}$$

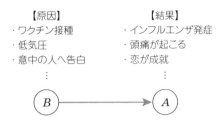

【原因】 ・ワクチン接種 ・低気圧 ・意中の人へ告白 … 【結果】 ・インフルエンザ発症 ・頭痛が起こる ・恋が成就 …

観測・実験結果，過去の経験や知見，主観などから
原因 B と結果 A の間に与えられる条件付き確率表

$\mathrm{Pr} = (A|B)$

	$B=0$	$B=1$
$A=0$	0.1	0.7
$A=1$	0.9	0.3

$\mathrm{Pr} = (B)$

$B=0$	0.4
$B=1$	0.6

図 11.1　2 変数の条件付き確率表

として，すでに与えられている確率値から実際に計算することができる．このように，結果が与えられたときの原因を推論するために利用できる確率は事後確率と呼ばれる．そして，

$$\mathrm{Pr}(B = 1|A = 0) > \mathrm{Pr}(B = 1|A = 1)$$

の場合，「$B = 1$ が生じた原因は $A = 0$ であった確率が高い」として様々な推論や意思決定に応用することができる．このベイズの定理はベイジアンネットワークの確率推論の基礎となっている．

11.1.2　ベイジアンネットワーク

　前節で述べたベイズの定理は 2 変数の関係を対象としていた．しかしながら，経済・経営に限らず多くのデータ分析では複数の要因が絡み合って最終的な現象が生じる対象を扱う場合が多い．そのような複雑な現象を分析したいとき，ベイジアンネットワークでは複数の変数を依存関係に準じて組合せることで現象のモデル化を試みる．その組合せ方は図 11.2 に示す次の 2 つのルールに基づいている．

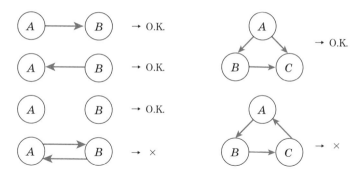

図 11.2　変数の組合せ方のルール

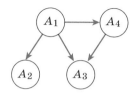

図 11.3　ベイジアンネットワークの例

(1) 依存関係のある変数間には矢印を引くが，矢印の向きは必ず一方向のみを向いている（**有向グラフ**）.

(2) ある 1 つの変数から矢印をたどって進んでも元の変数に戻らない（**有向非巡回グラフ**）

このルールに基づいた変数間の依存関係が定まったならば，そのネットワークはすべての変数の同時確率も規定している．変数 $\{A_1, \ldots, A_M\}$ を考え，変数 A_i に向けて矢印を引いている変数を変数 A_i の親と呼び，変数 $\mathrm{Pa}(A_i)$ で表す．この依存関係を条件付き確率 $\Pr(A_i|\mathrm{Pa}(A_i))$ として規定する．図 11.3 の例では，A_3 の親は $\mathrm{Pa}(A_3) = \{A_1, A_4\}$ であり，A_3 に関する条件付き確率は $\Pr(A_3|A_1, A_4)$ となる．また，どの変数から見ても下流にはない変数 A_i（つまり，どの矢印にも指されていない変数）の親は空集合とする．このとき，変数 $\{A_1, \ldots, A_M\}$ の同時確率は次で表すことができる．

$$\Pr\{A_1, \ldots, A_M\} = \prod_{i=1}^{M} \Pr(A_i | \mathrm{Pa}(A_i))$$

図 11.3 の例では，$\Pr(A_1, A_2, A_3, A_4) = \Pr(A_1) \Pr(A_2 | A_1) \Pr(A_3 | A_1, A_4)$ $\Pr(A_4 | A_1)$ である.

ダイレクトマーケティングを対象としてベイジアンネットワークの適用事例を考えよう. ダイレクトマーケティングとは一人一人の消費者へのマーケティング施策とその施策に対する消費者の反応を観測し，その消費者を理解することを通して消費者個人との関係を構築していくマーケティングの方法・概念の総称である. ここでは，各消費者へのダイレクトメールや電話などによるマーケティング活動のプロモーションの成果（購買 or 非購買）といくつかの状況がデータとして記録されており，それらのデータから消費者の購買・非購買の要因を理解することを目指そう. また，ここでは日用品などの比較的小額の商品ではなく，車やマンション等の高額な商品を想定する. 初めに，変数 A を消費者へのプロモーションの成果を表す変数（$A = 1$ は購買，$A = 0$ は非購買），変数 B をローン（借金）の有無を表す変数（$B = 1$ はローン有，$B = 0$ はローン無）の依存関係を考える. このとき，その依存関係は $B \to A$ と考えるのが自然であろう（$A \to B$ を確率関係ではなく因果関係と見なした場合，その商品を購買したことが要因となって元々ローンがあった，という現実的な解釈が困難な状況を考えなければならなくなってしまう）. この 2 変数の分析だけなら，前節のベイズの定理を用いることで事後確率の計算が可能であるが，ここでは消費者の職業 C（$C = 0$ は会社員，$C = 1$ は自営業，$C = 2$ は専業主夫・主婦）に関してもマーケティング成果の要因分析に加えたい. この変数 C をベイジアンネットワークに組み込むことで，消費者の職業に依存してマーケティングの成功のしやすさ等の知見を得ることができるかもしれない. この場合，重回帰分析を用いた分析では，変数 A を目的変数，変数 B と C を説明変数としてその依存関係はほとんど一意的に規定される必要がある. 一方，ベイジアンネットワークではその依存関係をより自由にモデル化することができる.

ここで図 11.4 の 4 つのネットワーク構造を見てほしい. 図 11.4 の (a) の依

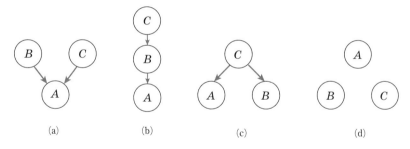

図 11.4 異なるベイジアンネットワークモデル

存関係は $B \to A \leftarrow C$ であり，ローンの有無と消費者の職業の両者がプロモーションの成果に影響を与えるということを表している．このモデル化は重回帰分析と同様の依存関係と見なすことができる．このモデルが表している変数 A, B, C の同時確率は $\Pr(A, B, C) = \Pr(B) \Pr(C) \Pr(A|B, C)$ である．

図 11.4 の (b) の依存関係は $C \to B \to A$ である．ローンの有無はプロモーションの成果に影響を与えるが，消費者の職業はプロモーションの成果に直接の影響を与えない．しかしながら，消費者の職業はローンの有無に影響を与えるためプロモーションの成果に関して間接的に影響を与えている．これは，変数 B が与えられた時（変数 B を 1 つの値に固定すると），変数 A と変数 C の依存関係はなく，両者は独立であることを示している（つまり，$\Pr(A, C|B) = \Pr(A|B) \Pr(C|B)$，この関係を条件付き独立という）．このモデルが表している変数 A, B, C の同時確率は $\Pr(A, B, C) = \Pr(C) \Pr(B|C) \Pr(A|B)$ である．

図 11.4 の (c) の依存関係は $A \leftarrow C \to B$ であり，消費者の職業がプロモーションの成果とローンの有無の両者に影響を与えているという表現である．また，この場合は変数 C が与えられたとき，変数 A と変数 B は条件付き独立 $\Pr(A, B|C) = \Pr(A|C) \Pr(B|C)$ となり，両者の依存関係はないという現象をモデル化している．このモデルが表している変数 A, B, C の同時確率は $\Pr(A, B, C) = \Pr(C) \Pr(A|C) \Pr(B|C)$ である．

図 11.4 の (d) では変数 A, B, C の間に依存関係はなく，マーケティング活動の正否に影響を与える変数はないことを表している．

　重回帰分析のような一義的な依存関係の方向のみではなく，より幅広い依存関係をネットワークとして表現できることがベイジアンネットワークを利用する大きなメリットである．加えて，複数の変数を含むベイジアンネットワークにおいてもベイズの定理を用いることで，結果である変数 A が与えられたときの変数 B や変数 C の条件付き確率を計算することができる．

　図 11.4 (a) の条件付き確率

$$
\Pr(C|A) = \frac{\Pr(C)\Pr(A|C)}{\Pr(A)} = \frac{\sum_{B=\{0,1\}} \Pr(B)\Pr(C)\Pr(A|B,C)}{\sum_{B=\{0,1\}} \sum_{C=\{0,1,2\}} \Pr(A)\Pr(A|B)\Pr(A|C)}
$$

　図 11.4 (b) の条件付き確率

$$
\begin{aligned}
\Pr(C|A) &= \frac{\Pr(C)\Pr(A|C)}{\Pr(A)} \\
&= \frac{\sum_{B=\{0,1\}} \Pr(C)\Pr(B|C)\Pr(A|B)}{\sum_{B=\{0,1\}} \sum_{C=\{0,1,2\}} \Pr(C)\Pr(B|C)\Pr(A|B)}
\end{aligned}
$$

　図 11.4 (c) の条件付き確率

$$
\begin{aligned}
\Pr(C|A) &= \frac{\Pr(C)\Pr(A|C)}{\Pr(A)} \\
&= \frac{\sum_{B=\{0,1\}} \Pr(C)\Pr(A|C)\Pr(B|C)}{\sum_{B=\{0,1\}} \sum_{C=\{0,1,2\}} \Pr(C)\Pr(A|C)\Pr(B|C)}
\end{aligned}
$$

　この計算には，$\Pr(A) = \sum_{B=\{0,1\}} \sum_{C=\{0,1,2\}} \Pr(A,B,C)$ を用いている．採用するネットワーク構造，つまり分析者が想定する現実世界のモデルによって各 $\Pr(C|A)$ の値が異なることがわかる．

11.1.3　ベイジアンネットワークの特徴

　経済学・経営学の分野で最もよく利用されるデータ分析手法の 1 つである重回帰分析とベイジアンネットワークを対比させて，その手法の主な特徴を整理しておこう．

■ 重回帰分析

(1) 1 つの目的変数と複数の説明変数に対して説明変数から目的変数への 1

方向の依存関係を分析するために利用される．変数間の依存関係は一義的に定める必要がある．

(2) 説明変数と目的変数の線形関係に注目して分析を行う．非線形関係を扱いたい場合には，明示的に n 乗項，閾値，交互作用などをモデル化する必要がある．

(3) 連続変数も離散変数も同様に説明変数として扱うことができる

(4) 説明変数の種類が多くても，データの量と質が十分であるとき，モデルのパラメーター（重回帰係数）の推定は最小2乗法などにより安定的に推定できる．また，パラメーター推定の精度を統計的に議論できる．

■ ベイジアンネットワーク

(1) 複数の変数間の依存関係を分析するために利用される．また，必ずしも目的変数を設定する必要はない．

(2) 変数間の条件付き確率表，交互作用の両者の意味での非線形関係を取り扱うことができる．

(3) 連続変数を扱う場合は閾値などを用いて離散変数に変換する必要がある．

(4) 説明変数の種類が多いと，最適なネットワークの構造探索と確率推論の両方において大量の計算時間が必要となってしまう．そのため，実際のデータ分析において最適性が保証されないネットワーク構造と推論アルゴリズムを利用しなければならない．

ベイジアンネットワークという名前は Judea Pearl によって命名された（Pearl, 2000：黒木, 2017）．Pearl が指摘するように，ベイジアンネットワークは確率モデルであり因果モデルではないという点は十分に注意するべきである．変数間の因果構造をモデル化したベイジアンネットワーク（因果ダイアグラムと呼ばれる）は，現象の因果関係の推論やシミュレーションに利用することができるという主張は正しい．しかしながら，ベイジアンネットワークは因果関係をモデル化しており因果関係の推論やシミュレーションに利用できる，という主張は一般には成り立たないため実際のデータ分析の場面において注意が必要である．

11.2 ベイジアンネットワークの使い方

11.2.1 ネットワークの構造を決める

　本節ではベイジアンネットワークの使い方について説明する．ベイジアンネットワークを実際のデータ分析に利用する際には①ネットワーク構造を決める，②興味のある事象の事後確率を推定するという 2 つの手続きが必要となる．

　まず，ネットワーク構造の決め方について見ていこう．11.2.2 項で述べたダイレクトマーケティングの例を思い出してほしい．そこでは，ベイジアンネットワークの利点として，変数 A（プロモーションの成果），変数 B（ローンの有無），変数 C（消費者の職業）の依存関係を柔軟に記述できることを述べた．しかしながら，実際のデータ分析の場面では，ベイジアンネットワークは柔軟な記述能力を持つ反面として，いくつものパターンが考えられる変数間のネットワーク構造の中からどのネットワーク構造を分析に利用するかを決める必要性に直面する．そのネットワーク構造をデータから決める方法として，**ネットワークスコア**を基準とした探索がよく利用される．条件付き独立の関係を基準とする方法もあるが，その方法については (Pearl, 2000；黒木, 2017) 等を参照していただきたい．

　ネットワークスコアとは，データとネットワーク構造の当てはまりの良さを点数化した数値である．そのスコアが良いネットワーク（数値が高ければ高いほど良いと判断するスコアと，低ければ低いほど良いと判断するスコアがあるので注意が必要）を採用してデータ分析に用いる．代表的なスコアとしてAIC（赤池情報量規準），BIC（ベイズ情報量規準），MDL（最小記述長）などが知られている．これらのスコアはベイジアンネットワークモデルの尤度とモデルの複雑さに依存するペナルティ項から計算される．

　一方，あらゆるパターンが考えられるネットワーク構造の中で最もスコアの値が高い最適なネットワーク構造を効率的に見つけ出す方法は存在しないことが知られている．つまり，最適な値を調べるためには，すべてのパターンをしらみつぶしに調べる必要がある．ただし，その方法は変数の数が増加するにつれて現実的ではなくなる．ためしに変数が N 個ある場合を考えよう．変

数 A と変数 B の関係は矢印 →，矢印 ←，矢印なしの 3 つであり，この 3 つのネットワーク構造に関してそれぞれスコアを計算して，その中から最もスコアの良い最適なネットワークを選ぶことができる．この考え方を N 個の変数について拡張すると，考える必要があるパターン数は 3^N である．20 個の変数では約 30 億パターンを，30 個の変数では約 200 兆パターンのスコアを計算する必要があり，その計算は計算時間の観点から困難となる（実際には有向非巡回グラフとならないネットワークの数は勘案しなくてよいが，そのチェックにかかる時間も含めると計算時間の概数に影響は与えない）．そのため，最適なネットワークではなく妥当なネットワーク構造を求めるための探索アルゴリズムが多数提案されている．このことが，実際のデータ分析の場面において，使用するソフトウェアやアルゴリズムによって異なるネットワークが生成される理由である．ネットワークスコアやネットワークの効率的な探索法については植野（2013）等を参照してほしい．

　ネットワークスコアに基づいた構造探索は，与えられたデータに対する確率モデルとしてより当てはまりの良いネットワークを見つけ出す．そのネットワークスコア自体は，現象の因果関係の表現とは無関係である．そのため，ネットワークスコアのみを基準として構造探索を行うと，例えば，ダイレクトマーケティングデータの分析において前節で議論した $C \to A$ ではなく，$A \to C$ という矢印が引かれてしまう可能性がある．$A \to C$ を因果関係として捉えると，その商品を購買したことが要因となって消費者の職業が決まることを意味してしまう．通常，ダイレクトマーケティングの事例で入手できる消費者の職業データは商品の購買・非購買を決定したときの職業であるので，上の解釈では矛盾をきたす．一方，その条件付き確率を因果関係ではなく確率関係として捉え，その商品を購買した消費者の職業が ○○ である割合，とみなすことも可能である．しかしながら，マーケティングで利用するモデルとしてその妥当性や解釈を議論するためには $A \to C$ よりも $C \to A$ のほうが，つまり，単なる確率関係よりも因果関係のほうが支持されるだろう．

　この例のように，因果関係の順序を分析者があらかじめ決められる場合は，ある一部の矢印の有無，そして矢印がある場合はその向きを事前に設定したうえで，その他の変数間の関係をネットワークスコアに基づいて決定することが

有効な分析方法となる．ベイジアンネットワークを利用できる多くのソフトウェアでは，そのような事前の設定を用いた探索が可能となっている．

11.2.2 原因が生じる確率の推論

ベイジアンネットワークを用いることで，複数変数の内のいくつかの興味ある変数の事象が確定した場合の，ある変数に関する事後確率の値を求めることができる．この事後確率値を求めることを**確率推論**という．その仕組みは11.1.1項で述べたベイズの定理を用いた事後確率を求める計算と同様である．しかし，ネットワーク構造の探索と同様に，変数の数が増加するにつれて厳密な事後確率を求めることが難しくなる．その理由は，変数の数の増加に従って事後確率の分母の計算量が指数的に増加するためである．そのため，効率的な確率推論の方法は多数提案されている．例えば，木構造をもつネットワークでは確率伝搬法を用いることで厳密な条件付き確率を効率的に計算できる．また，有向グラフを無向グラフにしたときに閉経路（ループ）があるときにも利用できる Loopy BP は効率的な近似的な推論手法として知られている．

11.3　分析事例：ダイレクトマーケティング分析

ベイジアンネットワークを用いたダイレクトマーケティングに関するデータ分析の実例を紹介する．2008年から2013年のポルトガルの金融機関が45,211人の消費者へ行った長期定期預金への加入を勧めるプロモーション成果に関するデータを利用する (Moro et al., 2014)．このデータは UCI Machine Learning Repository で Bank Marketing Data Set としてダウンロードすることができる（http://archive.ics.uci.edu/ml）．ここでは，bank-full.csv に格納されている8種類の変数（y：プロモーション成果（加入・非加入の結果），contact：連絡方法（自宅電話または携帯電話），job：職業，marital：結婚，education：学歴，default：債務不履行の経験，housing：持家の有無，loan：ローンの有無）を用いてプロモーション成果（y）に関する要因の分析を行う．また，読者も同様の分析結果を出力できるようにあえて元データと同様の変数名を本書でも利用する．ここでは，R の bnlean パッケージを用いて

分析を行う．本分析はプロモーション成果の要因を調べることが目的であり，かつ，因果関係のモデル化の観点から，プロモーション成果 (y) からその他の変数へ向かう矢印を付与しない設定を加えた．また，学歴と職業の関係は学歴 → 職業と考えるのが妥当であるという考えを採用して職業 → 学歴の矢印は付与しない設定も加えた．BIC をネットワークスコアとして山登り法で探索されたベイジアンネットワークを図 11.5 に示す．

図 11.5 より，プロモーション成果に直接的に影響を与える変数はマーケティングチャネル，ローンの有無，持家の有無であることがわかる．生データの記述統計量ではプロモーションが成功した割合は 11.7% である．ここで，ローンの有無と持家の有無を条件としたプロモーション成果の条件付き確率を計算すると

$$\Pr(y = \text{yes}|loan = \text{yes}, housing = \text{yes}) \fallingdotseq 0.06$$

$$\Pr(y = \text{yes}|loan = \text{yes}, housing = \text{no}) \fallingdotseq 0.08$$

$$\Pr(y = \text{yes}|loan = \text{no}, housing = \text{yes}) \fallingdotseq 0.07$$

$$\Pr(y = \text{yes}|loan = \text{no}, housing = \text{no}) \fallingdotseq 0.18$$

となると計算される．この結果は，ローンの有無と持家の有無という 2 つの変数とプロモーション成果の間には**交互作用**があることを示している．条件部に 1 つでも yes が入っている条件付確率は全体の成功確率 0.0117 と比べて約 4 ポイント程度下回っているが，ローン無かつ持家無の消費者に限って成功確率が 6 ポイント程度上回っている．つまり，プロモーション成果に影響を与える変数を見つけ出すためにはローンの有無のみまたは持家の有無のみを調べても効果は薄く，その両者を同時に調べて交互作用を見る必要があることがわかる．本事例ではベイジアンネットワークを用いることで，交互作用の影響の発見に成功している．この事実を重回帰分析で明らかにするためには，この 2 変数の交互作用がプロモーション成果に影響を与えることを事前に知っているか，または，大量の交互作用項を説明変数に加えて探索的に係数を評価する必要がある．

さらに，連絡方法に関しても条件に追加してみる．

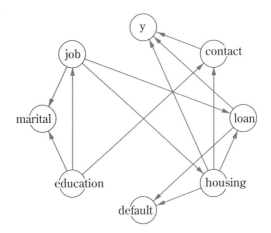

図 11.5　ダイレクトマーケティング分析で作成されたベイジアンネットワーク

$$\Pr(y = \text{yes}|contact = \text{telephone}, loan = \text{no}, housing = \text{no}) \fallingdotseq 0.18$$

$$\Pr(y = \text{yes}|contact = \text{cellular}, loan = \text{no}, housing = \text{no}) \fallingdotseq 0.22$$

$$\Pr(y = \text{yes}|contact = \text{unknown}, loan = \text{no}, housing = \text{no}) \fallingdotseq 0.05$$

自宅電話への連絡よりも携帯電話に連絡をしている消費者のほうが 3 ポイント程度プロモーションの成功確率が高いこともわかる.

　次に，事後確率の計算の例を紹介する．ここでは事後確率 $\Pr(marital|\text{y})$ の確率値を分析対象としてみよう．この事後確率は

$$\Pr(marital = \text{married}|y = \text{yes}) \fallingdotseq 0.59$$

$$\Pr(marital = \text{single}|y = \text{yes}) \fallingdotseq 0.31$$

$$\Pr(marital = \text{divorced}|y = \text{yes}) \fallingdotseq 0.12$$

と推論された．これは，プロモーションに成功した人の婚姻状況の割合を表している．本事例では，変数 $marital$ と y がデータ内に含まれているため，データの記述統計によってこの事後確率とほぼ同様の値を単純に算出できる．しかしながら，過去の経験や人間の主観をベイジアンネットワークに反映させる場合には変数間の条件付き確率の値のみしか与えられていない場合があり，そ

のような場合には確率推論によって事後確率を計算することができる．なお，bnlearn パッケージの cpquery 関数で計算される確率値はモンテカルロサンプリングによる近似推論である．モンテカルロサンプリングとは乱数を用いてモデルからデータを生成する手法の総称であり，この関数で計算される値は実行するたびに変化する．

　以上の分析結果はあらかじめ与えられたネットワークではなく，データから自動的に探索されたネットワークを用いることによって得られた知見であることに注目してほしい．ポルトガルの金融機関についての予備知識や経験が何もない場合，ローンの有無と持家の有無の交互作用がプロモーションの成功確率に大きな影響を与えていたことを見つけ出すためには，相当の時間と労力が必要となることは想像に難くないだろう．変数間の依存関係のネットワーク構造の可視化によって，変数間の非線形関係や交互作用の発見をサポートできることがベイジアンネットワークの大きな魅力の 1 つである．

　より詳しく学習したい読者は，ベイジアンネットワークの理論に関しては植野 (2013)，田中 (2009) 等を，応用に関しては本村・岩崎 (2006) 等を参照してほしい．

第12章

文書から話題を見つける：トピックモデル

　近年のデータ駆動型社会では非構造化データの活用の重要性が認識されている．消費者の声としてビジネス上での応用が期待される商品レビュー，SNSへの書き込み，ブログなどの文書データも代表的な非構造化データの一種である．しかしながら，古典的な回帰分析や多変量解析では，多くの応用において非構造化データから意味のある情報を抽出することは難しい．本章では，上記のような大量の文書データに適用可能で，その文書群の中で語られている話題（トピック）を自動的に抽出する手法である**トピックモデル**について説明する．最初に，最も著名なトピックモデルである**潜在ディリクレ配分法**（latent Dirichlet allocation, LDA）について，その原理と使い方を紹介する．その後に，LDA の発展版である structural topic model について紹介する．また，その2つのトピックモデルを用いて Amazon.com に投稿された商品レビューデータを分析した結果を紹介する．

12.1　文書データの分析

12.1.1　構造化データと非構造化データ

　文書やテキストデータは典型的な**非構造化データ**の一種である．非構造化データとは何かを理解するためには，構造化データとは何かを知る必要がある．**構造化データ**の厳密な定義は人や場面によって様々であるが，概ね，Excel に

代表されるスプレッドシートにデータを格納してその行間または列間の数値や文字列を比較したり計数したりすることに意味があるデータと理解してほしい．具体的には，毎年の各国の GDP，毎月の店舗毎の売上を記録したデータ，毎日の従業員の出勤記録，データベースに格納された顧客属性データなどは構造化データに該当する．他章で扱った回帰分析や主成分分析などの事例で利用したデータは構造化データに属する．これをふまえ，非構造化データとは構造化データ以外の形式をもつデータを指す．具体的には，文書，テキスト，画像，動画，音声，センサーデータなどは代表的な非構造化データである．また，半構造化データと呼ばれるデータも非構造化データの1つである．

12.1.2 文書データ分析の難しさ

多くのデータ活用の場面で，非構造化データの分析は構造化データの分析と比較して困難が伴う．その理由は，上述の通り，非構造化データをスプレッドシートに格納したとしても，その行または列どうしのデータの比較・計数が意味をもたない性質のためである．例えば，各行に各文書，各列にその文書の出現単語を格納したスプレッドシートによる文書データの分析を想定した場合，1行目に出現した単語の種類を文書間で比べたところで意味のある情報を抽出することは難しい．また，各文章内に出現した単語の頻度をスプレッドシート内で比べることも可能ではあるが，その情報のみで有意義な分析を行うことは限界がある．そのため，非構造化データの分析には，経済学・経営学でなじみの深いパネルデータや時系列データを定型的に格納できる構造化データを用いた分析のみではなく，各々の非構造化データの特徴を反映させたデータ分析手法が必要となる．

本章では非構造化データの一種である文書データを分析対象として提案されたトピックモデルについて紹介する．トピックモデルとは多数の文書データから，その文書の中で話題となっているトピックを自動抽出するためのデータ手法である．現在では，**e コマース**やレビューサイトの普及により，数万件から数億件以上の商品レビューや口コミ情報をインターネット上で閲覧することができる．そのような文書ビッグデータの分析と活用はビジネスや社会問題解決において現代的な課題の1つとなっている．

12.2　トピックモデル

　トピックモデルは文書の数を D，分析対象とする単語の数を V とすると，$K \ll D, V$ となる K 個のトピックを自動的に抽出することを目的としている．文書データ群からのトピック抽出の研究は，人間が日常的に利用する言語をコンピューターで解析することを目指す自然言語処理と呼ばれる分野で主に行われてきた．1980 年代には**潜在意味解析法**（latent semantic analysis, LSA）によるトピック抽出が提案されている．この手法は $D \times V$ のサイズをもつ文書と単語の共起行列 X を**特異値分解**により K 次元へ圧縮し，その K 個の次元をトピックとして解釈する．特異値分解とは，列ベクトルが互いに直交する 2 つの行列 $R, S \in \mathbb{R}^{D \times V}$ と V 次元の対角行列 $Z \in \mathbb{R}^{V \times V}$ を用いて $X = RZS^T$ に分解する．$D = V$ のとき，特異値分解は固有値分解と一致する．トピック抽出のための**次元圧縮**は，行列 R, Z, S から特異値成分（行列 Z の対角要素）が大きい K 個（$D, V \gg K$）の列のみを抽出した行列を $R_K \in \mathbb{R}^{D \times K}, Z_K \in \mathbb{R}^{K \times K}, S_K \in \mathbb{R}^{V \times K}$ とし，元の行列 X を $X \approx R_K Z_K S_K^T$ へ近似することによって実現される．この操作により，取り扱う行列の次元数または要素の数が激減していること注意してほしい．この次元圧縮に基づくトピック抽出という考え方は現在のトピックモデルの基礎となっている．

　1999 年に提案された**確率的潜在意味分析法**（probabilistic LSA, PLSA）は，LSA を確率モデルに発展させることで分析精度を向上させた．PLSA では LSA で次元圧縮された行列 R_K, Z_K, S_K^T に対して，R_K の d 行 k 列の要素を $\Pr(d|z_k)$，Z_K の k 行 k 列の要素を $\Pr(z_k)$，S_K の v 行 k 列の要素を $\Pr(v|z_k)$ として離散確率としてモデル化し，それらの各列を多項分布のパラメーターと見なす．つまり，$\sum_{d=1}^{D} \Pr(d|z_k) = 1, \sum_{k=1}^{K} \Pr(z_k) = 1, \sum_{v=1}^{V} \Pr(v|z_k) = 1$ の制約を与える．また，潜在意味空間 Z_K が与えられた下では R_K と S_K^T は条件付き独立であるというモデル化を行い，d, z_k, v の同時分布を $P(d, z_k, v) = P(r_d|z_k)P(z_k)P(s_v|z_k)$ として与えることで尤度関数を構成する．LSA では列ベクトルの直交性に基づいた行列分解を行っているが，それは必ずしもトピックの抽出を行うことを意味していない．PLSA では潜在意味空間 Z_K の意義を上記の条件付き独立の仮定により与えている．また，文書と単語間の

分布も明示的に導入されている．なお，PLSA は 1970 年代からマーケティングの分野で利用されている潜在クラス分析と数学的には同じモデルである．現在までに提案されているほとんどのトピックモデルは PLSA の拡張である．

　以上の過程を経た後，2003 年の**潜在ディリクレ配分法（LDA）**の提案を契機として，トピックモデルの研究は一気に盛んになった．LDA は PLSA をベイズモデルとして拡張したトピックモデルである．ベイズモデルへの拡張により，文書–トピック–単語の間の相関関係や付加的な情報の付与など，より柔軟なモデルの拡張を可能としたことが LDA の大きな貢献の 1 つである．なお，LDA は 2000 年に遺伝学分野で Pritchard 等によって提案された分析手法と数学的には同じモデルである．

　これ以降の節では，LDA とその拡張モデルである構造トピックモデルを紹介する．

12.3　潜在ディリクレ配分法

12.3.1　文書生成の統計的生成モデル

　LDA は文書内の単語は文書のトピックに依存して出現しているという関係を明示的にモデル化しており，文書と出現単語の関係の**統計的生成モデル**と見なすことができる．LDA では，次の 3 つの事柄を確率分布を用いて表現している．

(1) 各文書には複数のトピックがある割合で混在している
(2) トピックごとに単語の出現する頻度は異なる
(3) 各単語は文書に含まれるトピックに依存して確率的に出現する

この (1) と (2) を次の 3 つの文章を例に考えてみよう．

【文書 1】「楽天イーグルスの東北太郎が仙台でのホーム戦で雨の中ホームランを打ちました」

【文書 2】「明日の天気予報です．仙台は晴れ，東京は雨でしょう」

【文章 3】「政府はスポーツ振興くじの CM に東北太郎氏を起用すると発表しました」

　まずは，(1) トピックの混在について見てみよう．3 つの文書のトピックを考えると文書 1 はスポーツ，文書 2 は天気予報とみなすことができるだろう．一方，文章 3 は政治，スポーツ，芸能（エンタメ）のどのトピックに分類されるとしても妥当と考えられる．この例のように，日常会話や社会で発生する文書を分析する場面では，1 つの文書が必ず 1 つのトピックに対応するという仮定がそぐわない場合が多い．1 つの文書には複数のトピックが混在するという仮定はそのために必要である．次に (2) トピックと単語の出現頻度を見てみよう．スポーツトピックの文書 1 と天気予報トピックの文書 2 に「雨」という単語が出現している．「雨」や「晴れ」という単語は我々の生活とは切り離すことができない単語であり，様々なトピックの中で頻出することは納得できるだろう．しかし，それと同時に，より天気予報トピックで出現しやすいという想定も納得することができるだろう．そのトピック内での単語の出やすさをトピックモデルでは確率を用いて表現する．

12.3.2　LDA の数理モデル

　LDA の数理モデルを見ていこう．図 12.1 に LDA の単語生成モデルの概要を示す．文書を $d \in \{1, \cdots, D\}$，分析対象とする単語を $v \in \{1, \cdots, V\}$，文書 d の n 番目の単語を $w_{d,n} \in \{1, \cdots, V\}, (n = 1, \cdots, N_d)$ と表す．ここで N_d は文書 d の中に含まれる単語の数である．また，各トピックを $k \in \{1, \cdots, K\}$ で表す．このとき，(1) 各文書には複数のトピックが混在しているという関係はディリクレ分布を用いて次の確率モデルで表す．

$$\boldsymbol{\theta}_d \sim \text{Dirichlet}(\boldsymbol{\alpha})$$

ここで Dirichlet$(\cdot)$ はディリクレ分布，$\boldsymbol{\alpha} = [\alpha_1, \cdots, \alpha_K]^T$ はディリクレ分布のパラメーターベクトルであり，$\boldsymbol{\theta}_d = [\theta_{d,1}, \cdots, \theta_{d,K}]^T$ は文書 d に混在しているトピックの比率を表現している $(\sum_{i=1}^{K} \theta_{d,i} = 1)$．ここでは，$\boldsymbol{\theta}_d$ を文書 d のトピック分布と呼ぶ．$\boldsymbol{\theta}_d$ の k 番目の要素は文書 d でのトピック k の混合比率を表している．例えば，$K = 3$ で $k = 1$ はスポーツ，$k = 2$ は天気予報，$k = 3$ は政治のトピックがあるとしよう．このとき，先の 3 つの文章では，例えば，$\boldsymbol{\theta}_{d=1} = [0.94, 0.05, 0.01]^T$，$\boldsymbol{\theta}_{d=2} = [0.02, 0.96, 0.02]^T$，$\boldsymbol{\theta}_{d=3} =$

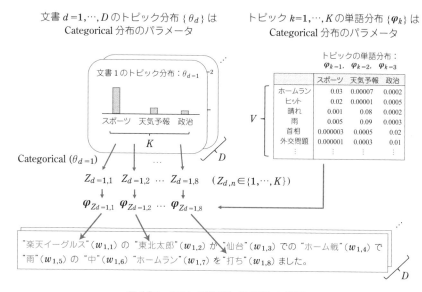

図 12.1 LDA の単語生成モデルの概要

$[0.30, 0.10, 0.60]^T$ などであれば，それぞれの文書の特徴が良く表現されていると理解することができる．

次にトピックごとに単語の出現する頻度は異なるという (2) の関係を見てみよう．その関係は単語の出現確率を V 次元のベクトル $\varphi_k = [\varphi_{k,1}, \cdots, \varphi_{k,V}]^T$ を用いて次のように表す．

$$\varphi_k \sim \mathrm{Dirichlet}(\boldsymbol{\beta})$$

ここで，$\boldsymbol{\beta} = [\beta_1, \cdots, \beta_V]^T$ はディリクレ分布のパラメーターベクトルである ($\sum_{i=1}^V \varphi_{k,i} = 1$). このベクトルは各トピックでの各単語の出現のしやすさを確率として表現している．φ_k をトピック k の単語分布と呼ぶ．

最後に (3) の関係を LDA では次のようにモデル化する．

$$z_{d,n} \sim \mathrm{Categorical}(\boldsymbol{\theta}_d)$$

$$w_{d,n} \sim \mathrm{Categorical}(\boldsymbol{\varphi}_{z_{d,n}})$$

ここで，$\mathrm{Categorical}(\cdot)$ は**カテゴリカル分布**である．カテゴリカル分布とはサ

ンプル数が 1 のときの多項分布である．この関係は，文書 d が持つトピック
の混合比率 $\boldsymbol{\theta}_d$ をパラメーターとするカテゴリカル分布から，文書 d の n 番目
の単語を発生させるトピックを $z_{d,n} = k$ として決める．そして，そのトピッ
ク $z_{d,n} = k$ が与えられた下で，$\boldsymbol{\varphi}_{z_{d,n}=k}$ をパラメーターとするカテゴリカル分
布に従って $w_{d,n}$ が決まる．

　$\boldsymbol{\theta}_d$，$\boldsymbol{\varphi}_k$ を文書データから推定し，推定された $\widehat{\boldsymbol{\varphi}}_k$ 内の単語を確率の高い順
にソートすることで，そのトピックの特徴をよく表現している単語を提示する
ことができる．その単語を参照することで分析者が各トピックの内容を解釈し
決定する．LDA のパラメーターの推定には変分ベイズ法や Collapsed Gibbs
サンプリング法などが利用されるが，紙幅の都合から本書では詳しくは述べる
ことができない．岩田 (2015)，佐藤 (2015) などを参考にしてほしい．

　LDA は **Bag of Words 表現**と呼ばれる統計モデルの 1 つである．Bag of
Words とは単語を各トピックに対応するバッグに入れるという意味であり，
単語の出現頻度からトピックを推定していることを明示的に指している用語で
ある．つまり，LDA では出現する単語の順番や文脈は明示的にモデル化され
ていないという点に注意してほしい．

12.3.3　トピックモデル分析のための前処理

　日本語の文書データを対象に分析を行う場合には，データの前処理として
形態素分析が必要となる．英語の文章では単語と単語の間にはスペースがあ
るため，「This is a pen.」は 4 つの単語で構成されていることが明白である．
一方，日本語の「これはペンです」はスペースなどで単語と単語が区切られ
ておらず，ソフトウェアが単語の区切り場所を認識することができない．そ
のため，ソフトウェアへの入力として文書を単語ごと（「これ」「は」「ペン」
「です」）に分解する作業が必要となる．文章を単語へ分解する操作を形態素
分析と呼ぶ．日本語の文書解析用の形態素分析のためのソフトウェアとして
MeCab や JUMAN などがよく知られている (工藤，2018)．最新版の形態素
分析ソフトウェアでは「すもももももももものうち」という文章でも「すも
も」「も」「もも」「も」「もも」「の」「うち」と分解することができる．

　トピックモデルの分析には，**ストップワード**と呼ばれる分析対象としない

単語のリストを設定することが一般的である．具体的には英語では「The」，「a」，「This」，「what」など，日本語では「です」，「ます」，「は」，「の」などである．これらの単語は出現頻度は高いが文書のトピックとは関係がない可能性が高く，推定精度の低下や計算時間の増加を引き起こすことが知られている．

12.3.4　分析事例：LDA によるレビュー分析

LDA を用いた文書データからのトピック抽出の実例を紹介する．ここでは，Amazon.com での商品レビューである **Amazon Product Dataset**（https://jmcauley.ucsd.edu/data/amazon/）を利用する．Amazon Product Dataset は 1996 年から 2014 年までに Amazon.com 上に英語で投稿された約 1 億 4 千万件のレビューが公開されている．ここでは，R の topicmodels パッケージを用いて，データ管理者によって作成された Small subsets for experimentation の中から Sports_and_Outdoors_5.json に格納されているスポーツとアウトドア商品に関する 296,337 件のレビューテキストからトピックの抽出を行う事例を紹介する．ストップワードは topicmodels パッケージに含まれている stopwords("english") を利用する．全文書中に 5 回以上出現した 32,978 単語を分析の対象とした（$V = 32{,}978$）．$K = 10$ と設定し 300 回の Collapsed Gibbs サンプリングにより各パラメーターを推定した．各トピックで大きな出現確率をもつ単語を**ワードクラウド**（word cloud）として図 12.2 に示す．ワードクラウドとは，各トピックで出現頻度の多い単語を中央かつ文字のサイズを大きく表示することでトピックの内容を分析者がとらえやすくなるように可視化した図のことを指す．

　トピックモデルの出力結果は，ワードクラウドや単語の出現確率から各トピックの内容を分析者が解釈する．図 12.2 のワードクラウドからはトピック 1 はライトや明かり，トピック 2 は着衣のサイズやフィット感，トピック 3 は Amazon への言及，トピック 4 とトピック 6 は価格や評価への言及，トピック 5 はバイクや自転車，トピック 7 は屋外での料理，トピック 8 は飲み水，トピック 9 はカバンなどのケース，トピック 10 は銃やハンティングに関する話題と解釈することができる．このことから，スポーツとアウトドアに関する商品レビューの中でもさらにいくつかのトピックが存在することがわかる．

図 12.2　LDA を用いて作成したワードクラウド

12.4　STM：構造トピックモデル

12.4.1　STM の数理モデル

構造トピックモデル（structural topic model, STM）はトピック分布 $\boldsymbol{\theta}_d$ と単語分布 $\boldsymbol{\varphi}_k$ に説明変数を導入することで，LDA よりも多様な情報を抽出可能とするトピックモデルとして 2013 年に提案された（Roberts et al., 2013）．このモデルは correlated topic model（CTM）（工藤，2015）と sparse additive generative model（SAGE）（Eisenstein et al., 2011）の拡張的統合と見なすことができ，$\boldsymbol{\theta}_d$ の各トピック間の相関を明示的に導入している．図 12.3 にSTM の単語生成モデルの概要を示す．

STM では LDA のトピック分布と単語分布の生成に関しそれぞれ構造が付与されている．文書 d の属性情報 $\boldsymbol{x}_d = [x_{d,1}, \cdots, x_{d,P}]^T$ を用いて文書 d のトピック分布を次のようにモデル化している．

$$\boldsymbol{\theta}_d \sim \text{LogisticNormal}(\Lambda \boldsymbol{x}_d, \Sigma)$$

ここで，LogisticNormal($\cdot$) はロジット正規分布，Λ は $(K-1) \times P$ の回帰係

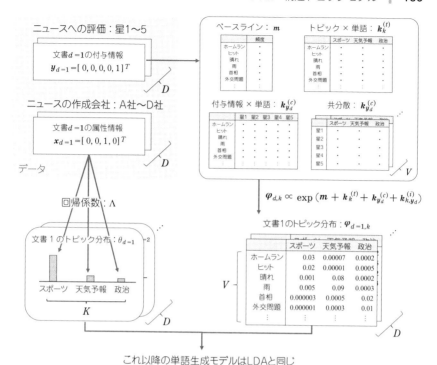

これ以降の単語生成モデルはLDAと同じ

図 12.3　STM の単語生成モデルの概要

数行列，Σ は $(K-1)\times(K-1)$ の分散共分散行列である．属性情報 $\boldsymbol{x}_d$ には文書作成者の属性や文書に付与されているタグなどを具体例として考えるとわかりやすい．図 12.3 ではニュース記事をした作成会社をダミー変数として例示している．

　STM ではトピック k の単語分布は文書 d がもつ付与情報 $\boldsymbol{y}_d = [y_{d,1},\cdots,y_{d,M}]^T$ に影響を受けるとモデル化する．ただし，ここでの付与情報 $\boldsymbol{y}_d$ の要素には排他的な二値変数（1つの要素のみ 1 でそれ以外の要素は 0）とする．例えば，文書はポジティブ/ネガティブの感情表現（$M = 2$）や図 12.3 で例示した商品レビューでの 1～5 点の商品の評価（$M = 5$）などを考えるとわかりやすい．単語分布のインデックスには d が追加され $\boldsymbol{\varphi}_{d,k} = [\varphi_{d,k,1},\cdots,\varphi_{d,k,V}]^T$ となる．このままでは $\{\boldsymbol{\varphi}_{d,k}\}$ のサイズは $D \times V$ と巨大になってし

まいパラメーター推定は困難となる．そこで，全体の文書の単語分布（ベースライン）をベクトル $m \in \mathbb{R}^V$，トピック k に依存するベースラインからの出現確率のずれを $\boldsymbol{\kappa}_k^{(t)} \in \mathbb{R}^V$，付与情報 y_d に依存するベースラインからの出現確率のずれを $\boldsymbol{\kappa}_{y_d}^{(c)} \in \mathbb{R}^V$，$\boldsymbol{\kappa}_k^{(t)}$ と $\boldsymbol{\kappa}_{y_d}^{(c)}$ の交互作用 $\boldsymbol{\kappa}_{k,y_d}^{(i)} \in \mathbb{R}^V$ として，$\boldsymbol{\varphi}_{d,k}$ をそれらの線形結合として次のようにモデル化する．

$$\boldsymbol{\varphi}_{d,k} \propto \exp\left(m + \boldsymbol{\kappa}_k^{(t)} + \boldsymbol{\kappa}_{y_d}^{(c)} + \boldsymbol{\kappa}_{k,y_d}^{(i)} \right)$$

$\boldsymbol{\kappa}_k^{(t)}$，$\boldsymbol{\kappa}_{y_d}^{(c)}$，$\boldsymbol{\kappa}_{k,y_d}^{(i)}$ に関して全体で推定すべきパラメーター数はそれぞれ $K \times V$，$M \times V$，$K \times M \times V$ である．STM の $z_{d,n}$ と $w_{d,n}$ の発生は LDA と同様である．

$$z_{d,n} \sim \text{Categorical}(\boldsymbol{\theta}_d)$$

$$w_{d,n} \sim \text{Categorical}(\boldsymbol{\varphi}_{d,z_{d,n}})$$

パラメーター推定は変分ベイズ法による実装がされている．

12.4.2　分析事例：STM によるレビュー分析

STM を用いた文書データからのトピック抽出の実例を紹介する．LDA と同様に Amazon Product Dataset を利用する．Small subsets for experimentation の中から Baby_5.json（160,792 件），Beauty_5.json（198,502 件），Sports_and_Outdoors_5.json（296,337 件），Video_Games_5.json（231,780 件）に格納されている乳児用商品，美容商品，スポーツとアウトドア商品，テレビゲーム商品に関する 4 つの商品カテゴリのレビューテキストを分析に用いる．計算量の観点から各カテゴリからランダムに 5,000 件のレビューを抜き出し，合計 20,000 レビューをデータとして利用する．トピック分布への付与情報 $\boldsymbol{x}_d$ には商品カテゴリ（乳児用商品，美容商品，スポーツとアウトドア商品，テレビゲーム商品）をダミー変数として付与する．この 4 カテゴリは排他的であり完全な多重共線性が発生するため乳児用商品を除いた 3 次元ベクトルとして構成した．単語分布への付与情報 $\boldsymbol{y}_d$ はレビューに付与された商品評価（1～5 点）を採用し，1 つの要素が 1，それ以外の要素が 0 をもつ 5 次元ベクトルで構成した．R の stm パッケージを用い，$K = 10$，変分ベイズ法の

表 12.1 STM により推定された各トピックの代表的な単語

Topic 1	diaper (おむつ)	nippl (哺乳瓶の口)	sippi (シッピーカップ)	medela (メーカー名)
Topic 2	mario (マリオ)	kinect (キネクト)	gamecub (ゲームキューブ)	madden (ゲーム名)
Topic 3	enemi (敵)	rpg (RPG)	grenad (手榴弾)	linear (リニア)
Topic 4	lotion (ローション)	shampoo (シャンプー)	moistur (モイスチャー)	oili (オイル)
Topic 5	toy (おもちゃ)	crib (ベビーベット)	thermomet (温度計)	monitor (モニター)
Topic 6	knife (ナイフ)	holster (ホルスター)	sheath (鞘)	mag (雑誌)
Topic 7	dpi (DPI)	joystick (ジョイスティック)	usb (USB)	firmwar (ファームウェア)
Topic 8	brush (ブラシ)	mascara (マスカラ)	lash (まつげ)	nyx (メーカー名)
Topic 9	bike (バイク)	stroller (ベビーカー)	seat (席)	strap (ストラップ)
Topic 10	cain (カイン)	egg (卵)	humor (ユーモア)	clockwis (時計回り)

最大反復回数を 75 回として推定を行った．トピック毎の単語分布の確率が高い単語を表 12.1 に示す．もともと異なる商品カテゴリに関してのレビュー群を結合したデータを用いてトピック抽出を行ったので，その特徴がトピックとして良く抽出されている．これ以降で示す単語は英単語として正しくないスペルも多いが，原文のままで記載する．

　STM においても抽出された各トピック内の単語を解釈することでトピックの意味を与える手続きは LDA と同様である．加えて，STM では付与情報 x_d（商品カテゴリ）と y_d（レビューに付与された商品評価）とトピックの関係を分析することができる．図 12.4 に付与情報 x_d と各トピックの関連を示す．6 つの図にはそれぞれ 2 つの商品カテゴリにおける各トピックの関連性の強さを示している．例えば図 12.4(a)Beauty vs. Baby では Topic1 は Beauty に関する内容と比べて Baby に関する内容を強く含んでいることを，同様に Topic4 は Baby に関する内容と比べて Beauty に関する内容を強く含んでいることをそれぞれ示している．図 12.4(a)〜(c) より Topic 1 と Topic 5 は Baby 商品カテゴリが強く影響していることがわかる．Topic 1 と Topic 5 の差別化を図るために，両トピックに関して特徴のある単語の違いを可視化したのが図 12.5 である．この図より，Topic 1 はボトル，カップ，水，おむつ，漏れ，キレイ等が特徴的な単語であることから，食やおむつ替えに関する傾向が強いトピックと解釈できる．また，Topic 5 はモニター，眠り，ベビーベッド，おもちゃ，音，スイング，バッテリー等が特徴的な単語であることから，乳児の睡

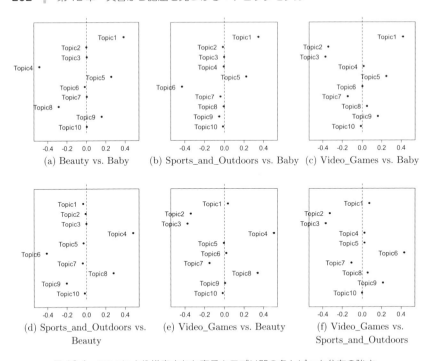

図 12.4　STM により推定された商品カテゴリ間の各トピック分布の強さ

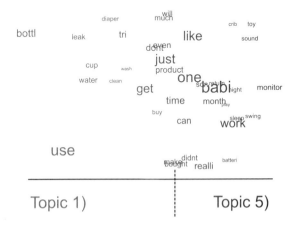

図 12.5　STM により推定されたトピック間での特徴的な単語の差異の一例

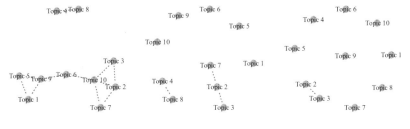

(a) デフォルト設定　　　(b) 相関関係 0.1 以上でリンク　　(c) 相関関係 0.2 以上でリンク

図 12.6　STM により推定されたトピック間の相関の有無の可視化

眠に関するトピックであることが推測される．同じようなトピックの中においてもその内容の違いを抽出できる事例となっている．

　また，STM では $\boldsymbol{y}_d$ と単語の関係や，$\boldsymbol{y}_d$ とトピックの交互作用項と関連の高い単語も抽出することができる．本分析では星 1 つ（1 点）の評価を付与しているレビューでは sucki（sucky：最悪な），sue（告訴する），garbageand（ゴミ箱）などが特徴的であり，星 5 つ（5 点）を付与しているレビューでは finland（フィンランド），tdtvthe（HDTV：高解像度テレビ），underestim（underestimate：過小評価）などが特徴的であるという結果が得られた．この結果の中には，低評価（星 1 つと星 2 つ）を付与したレビューと関連のある単語として具体的な企業名や商品名が含まれていたので，あえて本書では掲載していない．興味のある読者は本書のサンプルコードを利用して自身で同じ分析を試みてほしい．

　本章の最後に統計分析ソフトウェアのデフォルト設定（初期設定を変更していないこと）を用いた分析の注意事項を述べる．図 12.6(a) にはトピック間の相関の有無を可視化する stm パッケージの topicCorr 関数の出力結果を示している．この図は関数のデフォルト設定を用いて図を作成した．この図 12.6(a) より本事例では Topic 4 と Topic 8 の相関が強いことや，Topic 6 を媒介してそれ以外のトピック間も相関があるように見える．しかしながらその解釈は誤解である．topicCorr 関数は相関係数が正のトピック間についてリンクを張る設定となっている．リンクを張る相関係数の値に閾値を設けて，その閾値を 0.1 とした場合が図 12.6(b) で，閾値を 0.2 とした場合が図 12.6(c) で

ある．これらの図から，本事例では Topic 2 と Topic 3 の間に弱い相関関係（相関係数 0.27）が見られるがそれ以外のトピック間の相関はほぼない，という解釈が妥当である．統計分析ソフトウェアを利用する際のデフォルトの設定には十分に注意してほしい事例である．

── 第13章 ──
好みを見つける：
推薦システム

インターネット上で商品やサービスを提供する e-コマースでは数千から数十万の商品・サービスが取り扱われることも珍しくない．現在では多くの e コマースのサイトで**推薦システム**が導入されている．推薦システムは膨大な種類の商品・サービスの中から消費者やユーザーが好む商品だけをピックアップして提示することで，商品・サービスの利用や購買を促進することを目指す．現在利用されている推薦システムの多くはユーザーの**行動履歴データ**に基づいて様々なアルゴリズムによって計算されている．本章では推薦システムのビジネス上での有用性について述べた後に，推薦システムがどのような仕組みで動作しているのかを紹介する．

13.1 推薦システム

13.1.1 推薦システムとは

インターネット上でのショッピングや動画視聴の際に，「あなたにお勧めの商品（動画）です」という文言と共に，商品や動画の利用を提案された経験があるだろう．図 13.1 は Amazon.com の利用者に提供されるお勧め商品の画面である．現代の e コマースでは取り扱われる商品の種類が数千から数十万になることは珍しくない．その状況ではユーザーがパソコンやスマートフォンの画面上ですべての商品を閲覧することはほぼ不可能である．そのため，ユーザー

Customers who viewed this item also viewed

Recommendation Engines (The MIT Press Essential Knowledge series)
›Michael Schrage
★★★★☆ 43
Paperback
$14.97

Practical Recommender Systems
›Kim Falk
★★★★☆ 22
Paperback
$45.49

Hands-On Recommendation Systems with Python: Start building...
›Rounak Banik
★★★★☆ 25
Paperback
$29.99

Statistical Methods for Recommender Systems
Deepak K. Agarwal
★★★★★ 8
Hardcover
20 offers from $27.65

Machine Learning Design Patterns: Solutions to Common Challenges in Data Preparation,...
›Valliappa Lakshmanan
★★★★☆ 108
Paperback
$35.49

Recommender Systems: An Introduction
Dietmar Jannach
★★★★☆ 17
Hardcover
$55.95

図 13.1　Amazon.com での商品推薦画面

は「検索」という技術を利用して，自らの求める商品をサイト上で探索する．一方，商品を販売する企業サイドとしては，ユーザーによる検索を待つ受け身の姿勢のみではなく，能動的にユーザーへはたらきかけて購買意欲を促進することも e コマース上のマーケティング活動では重要となる．そのための手段の1つとして，現在では推薦システムが利用されている．

　推薦システムは，商品の購買，動画の視聴，サービスの利用，ニュースの購読など多様な e コマースで利用されている（本章ではこれ以降，商品・サービス・動画などをまとめて商品と記述することにする）．世界での推薦システムの市場規模は 2020 年には 20 億米ドルを超えており，今後もその市場規模は年率 37％ 程度で上昇し続けるという報告がある (Mordor Intelligence, 2021)．日本国内においても e コマースの市場規模は本書が刊行された 2022 年現在も引き続き拡大傾向を続けており，推薦システムの重要性は今後も増え続けることが予想される．

13.1.2　推薦システムとマーケティング

　推薦システムで最もよく利用されている**協調フィルタリング**と呼ばれる手法は，ユーザーの行動履歴を入力として推薦すべき商品のみを出力するブラックボックスのアルゴリズムとみなすことができる．つまり，出力された商品を推薦した理由をアルゴリズムは提示しないため，消費者の態度や行動の理解には直接的には結びつかない．そのため推薦システムの利用は，消費者のセグメント化による消費者理解を通して市場のターゲッティングや競争的ポジショニングを考えるマーケティングとは異なるタイプの活動である．しかしながら，推

薦によって消費者に気付きを与えることで消費行動に変容を生じさせるという観点に立つと，推薦システムもeコマース上でのマーケティング活動の要素の1つとして十分に理解することができる.

　eコマースで取り扱う膨大な種類の商品群の探索はユーザーにとって大きな負荷となり，目的の商品を見つける前に商品探索をやめてしまう機会損失が生じうる. そのユーザーにとって必要な商品やより良い商品を提示することは，その機会損失を防ぐ効果が見込まれる. 消費者の行動変容の観点から推薦システムを考えると，その主な役割は①**クロスセリング**の促進，②**アップセリング**の促進，③意外性や**セレンディピティ**（予想外の発見）の付与，の3つである. ①クロスセリングの促進では，消費者が興味を持っている商品と相補関係にある商品を推薦し，2つ以上の商品の同時購買を促進することが目的となる. 例えば，プリンタのインクを購買するユーザーに向けて印刷用紙を推薦したり，タブレット端末を購買するユーザーに向けて液晶保護シートを推薦したりする. ②アップセリングの促進では，ユーザーが興味を持っている商品と同系統のスペックやグレードの高い商品を推薦し，より高価格な商品の購買を促進することが目的となる. 例えば，エコノミークラスを利用した海外旅行のプランに興味を持っているユーザーへ向けてビジネスクラスを利用したプランを推薦したり，よりハイスペックなパソコンやスマートフォンを推薦したりする. ③意外性やセレンディピティの付与は，ユーザーが認知していないがそのユーザーが好む商品を推薦することで販売を促進することが目的となる. 例えば，ハリー・ポッターの第1作を読んで高評価を付与したユーザーはハリー・ポッターの第2作を読みたいと思っている可能性は高いと考えられる. ただし，そのような場合，そのユーザーは第2作目を推薦されなくても読む可能性も高い. ユーザーにとってありきたりで退屈な推薦ではなく，意外性や予想外の発見を与えるような推薦を行うことで，ユーザーの満足度とサービスへの好感度の向上につながる.

　実際の推薦システムの運用を成功させるためには，商品のクリック率や購買率などの定量的な指標をモニタリングし，適切に推薦システムが運用されているかどうかのチェックをマーケティング活動やPDCAサイクルの一環と位置付けて恒常的に行うことが重要である.

13.1.3 推薦システムの種類

　推薦システムで利用される推薦アルゴリズムには大きく分けてルールベース法，コンテンツベース法，協調フィルタリングの3つがある．

　ルールベース法は，推薦システムの設計者やマーケッターが何らかのルールを作成し，そのルールに基づいた推薦を行う方法である．例えば，クリスマスやハロウィンなどのイベント特集や父の日・母の日のプレゼント特集などを想定するとわかりやすい．クリスマスにはかぼちゃの頭ではなくサンタクロースの洋服を，父の日にはカーネーションではなく男性用ワイシャツなどを推薦する．この方法ではマーケッターの知見に基づいて日常生活やイベントでの習慣や行動様式等の情報を推薦に取り入れることができる利点がある．また，他のユーザーの行動履歴データがなくても推薦システムを構築できることも長所である．一方，膨大な種類の商品を取り扱っている場合には，すべての商品を対象にルールを作成することは現実的ではない．

　コンテンツベース法は，商品の特徴や属性を明示的にデータ化し，その商品の特徴に基づいて推薦を行う方法である．例えば，映画配信サービスの映画推薦を想定するとわかりやすい．各映画にジャンルや主演俳優などの映画の属性，映画の気分（泣ける，ハイテンションなど）やお勧めの視聴シチュエーション（デート，家族一緒など）などの映画の特徴を付与する．その映画の属性や特徴とユーザーの過去の視聴履歴に基づいて，ロマンス映画好きの人にはロマンス映画を，家族一緒シチュエーションを付与された映画をよく観る人にはファミリー映画を推薦する．商品の特徴や属性データからユーザーの好みを計算できるため，他のユーザーの行動履歴を用いることなく推薦が可能である．また，商品の特徴から類似商品を計算できるため，ニッチな商品でも推薦できるというメリットがある．商品の特徴のデータ化はマーケッターの知見を取り入れることができる利点をもつ．しかしながら，その反面として特徴のデータ化はマーケッターの主観に依存するため，推薦の精度がマーケッターの能力に属人的に依存してしまうという特徴も併せ持つ．また，コンテンツベース法と同様に，膨大な種類の商品を取り扱っている場合には，すべての商品を対象にマーケッターが人力で特徴を付与することは現実的ではない．加えて，過去の行動履歴を基に類似商品を推薦するため消費者にとってありきたりな推薦が多

くなり，目新しさや新鮮な推薦は起こりにくいという短所がある．

協調フィルタリングとは，他のユーザーの行動履歴に基づいて，対象ユーザーと同じような購買行動や商品満足度評価をしている他ユーザーが購買している商品を推薦する方法である．取扱商品の種類が膨大であっても推薦すべき商品が過去の行動履歴データから計算されるため，推薦商品を決める過程をコンピューターにより自動化できる長所がある．また，人間の主観や経験に基づいて付与される商品カテゴリやジャンル等のタグに推薦結果が依存しないため，ユーザーにとって目新しく意外性のある商品を推薦しやすいというメリットがある．一方，行動履歴データが少ない場合や全くない新規事業での利用場面では推薦の精度が低くなってしまうという短所があり，それは**コールドスタート問題**と呼ばれる．

また，この3つの推薦アルゴリズムの分類以外にも，コンテンツベース法と協調フィルタリングを合わせたハイブリッド法と呼ばれる方法もある．次節では3つ目の協調フィルタリングについて説明していく．

13.2 協調フィルタリング

13.2.1 問題の定式化

本節で扱う協調フィルタリングの問題を定式化する．ここでは，ユーザー $u\,(u = 1, \ldots, U)$ が全取扱商品の集合 $\{1, \ldots, I\}$ の中からいくつかの商品 i に対して与えている評価 $r_{ui} \in \{1, 2, 3, 4, 5\}$ がデータとして観測されている状況を考える．この場合，数値が高いほど商品 i への満足度が高く，数値が低いほど満足度が低いことを表している．一般的には $r_{ui} \in \mathbb{R}$ でも同様の議論は可能であるが，多くのeコマースサイトの実例に倣い，ここでは1〜5の整数を評点に用いて説明する．また，ユーザー u が商品 i を未評価であることを $r_{ui} = 0$ として表す．ここで $r_{ui} = 0$ は低評価ではなく未評価であり，観測データではなく未観測の欠損データであるという点に特段に注意してほしい．

r_{ui} を要素としてもつ $U \times I$ の行列を $R \in \{0, 1, 2, 3, 4, 5\}^{U \times I}$ とする．協調フィルタリングは $\{r_{ui} | r_{ui} \neq 0\}$ のデータを用いて，未観測の $\{r_{ui} | r_{ui} = 0\}$ の予測値 $\hat{r}_{ui} \in \mathbb{R}, (1 \leq \hat{r}_{ui} \leq 5)$ を求める問題である．実用上は R をユーザーに

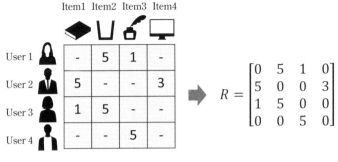

図 13.2　観測データ（商品評価）と行列 R の関係

関して中心化した行列を利用するが，ここでは説明を簡単にするため評価の素点を要素として持つ行列 R を用いて説明する．図 13.2 に観測データと行列 R の関係を例示する．

　推薦システムで扱うデータの特徴として，行列 R の要素の多くは $r_{ui} = 0$ である点が挙げられる．このような行列を**疎行列**と呼ぶ．実際の e コマース上で観測される評点の生データのほとんどは $r_{ui} = 0$ であり，評価が与えられている要素の数は全体の要素数の 99% 未満である場合がほとんどである．協調フィルタリングを用いた推薦システムでは，疎行列に適した方法によって適切な情報の抽出を行うことが必要である．

13.2.2　ユーザーベース協調フィルタリング

　最も基本的な協調フィルタリングの手法の 1 つとして**ユーザーベース協調フィルタリング**を紹介する．ユーザーベース協調フィルタリングではユーザー間の評価の類似度を計算する．ここで，ユーザー u が評価を付与している商品の集合を I_u，ユーザー u とユーザー a の評価の類似度を $S(u, a)$ と記述する．類似度 $S(u, a)$ にはピアソンの相関係数

$$S_{corr}(u, a) = \frac{\sum_{i \in I_u \cap I_a} (r_{ui} - \bar{r}_u)(r_{ai} - \bar{r}_a)}{\sqrt{\sum_{i \in I_u \cap I_a} (r_{ui} - \bar{r}_u)^2} \sqrt{\sum_{i \in I_u \cap I_a} (r_{ai} - \bar{r}_{aa})^2}}$$

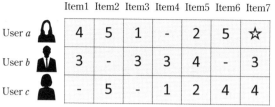

	Item1	Item2	Item3	Item4	Item5	Item6	Item7
User a	4	5	1	-	2	5	☆
User b	3	-	3	3	4	-	3
User c	-	5	-	1	2	4	4

$\hat{r}_{a7}$(☆)を予測

(1) $I_a \cap I_b = \{1,3,5\}$, $I_a \cap I_b = \{2,5,6\}$
(2) $S_{cos}(a,b) = 0.86$, $S_{cos}(a,c) = 0.99$
(3) $U_a = \{b,c\}$ とする
(4) $U_{a7} = \{b,c\}$
(5) $\hat{r}_{a7} = \frac{1}{0.86+0.99}(0.86\times3 + 0.99\times4) = 3.54$

図 13.3 ユーザーベース協調フィルタリングの手続きの例

やコサイン類似度

$$S_{cos}(u,a) = \frac{\sum_{i \in I_u \cap I_a} r_{ui} r_{ai}}{\sqrt{\sum_{i \in I_u \cap I_a} r_{ui}} \sqrt{\sum_{i \in I_u \cap I_a} r_{ai}}}$$

などが用いられる. ここで, $\bar{r}_u$ はユーザー u の商品集合 $I_u \cap I_a$ 内の評価の平均値である. これらの指標から計算された類似度を用いてユーザー u との類似度が高いユーザー群を選別し, そのユーザーの集合を U_u とする. 選別は類似度が高い順に人数を決めてもよいし, 類似度の値に閾値を定めてその閾値を超えたユーザーを集合 U_u に含めてもよい. ユーザー u が未評価の商品 i に関する評価の予測 $\hat{r}_{ui}$ を計算するために, 集合 U_u に含まれるユーザーの中で商品 i に関する評価を付与しているユーザーの集合 $U_{ui} \subseteq U_u$ を考える. そして, ユーザー u の未観測の商品 i の評価は U_{ui} に含まれるユーザーの商品 i の評点の重み付き平均として次のように予測される.

$$\hat{r}_{ui} = \frac{1}{\sum_{v \in U_{ui}} |S(u,v)|} \sum_{v \in U_u i} S(u,v) r_{vi}$$

最終的に, ユーザー u が未評価の商品 i に対して $\hat{r}_{ui}$ を計算し, その値が高い順に商品を推薦することができる. 図 13.3 にその概要を示す.

　以上のように，ユーザーベース協調フィルタリングはユーザー間の行動や評価の類似度に基づいて推薦する商品を決める．その最大のメリットはアイデアが単純で実装も簡単であるという点が挙げられる．実用上の注意点としては，U_{ai} に含まれるユーザーが極端に少なくなる場合は適切な $\hat{r}_{ui}$ を計算することが難しいという点である．

13.2.3　Matrix Factorization

　Matrix Factorization は，2006～2009 年に Netflix 社によって開催された映画の推薦精度を競う賞金 100 万ドルのコンペティション Netflix Prize の中で，Simon Funk によって提案された（Piatetsky, 2007；ちなみに，Simon Funk はペンネームである）．Matrix Factorization はコンペティションにおいても上位の成績を挙げていたにも関わらず，Funk がコンペティションの途中で自身のブログにおいてそのアイデアとプログラムコードを公開してしまったことは特筆すべき事実である．それにより多くのコンペティションの参加者が Matrix Factorization のアイデアを利用できるようになった．現在のようにオープンソースの共有がさかんではなかった当時としては，画期的な出来事であった．

　Matrix Factorization は 8 章で紹介した**主成分分析**，12 章で紹介した**トピックモデル**と同様に，次元圧縮法を協調フィルタリングへ応用している．主成分分析や特異値分解では分解する行列の要素のすべてが数値である必要がある．しかしながら，協調フィルタリングの問題設定では R は疎行列であり，かつ，$r_{ui} = 0$ は低評価ではなく未評価（欠損データ）である．そのため，主成分分析や特異値分解による次元圧縮では欠損データを多く含む疎行列の特性を次元圧縮された低次元空間に上手く反映させることができない．

　Matrix Factorization は $U \times I$ の行列 R を $H \in \mathbb{R}^{U \times K}, W \in \mathbb{R}^{K \times I}, (K \ll U, I)$ という 2 つの小さな行列を用いて

$$R \approx HW$$

と近似することを目指す．H の第 u 行目を縦ベクトルへ変換したベクトルを $\boldsymbol{h}_u$，W の第 i 列目のベクトルを $\boldsymbol{w}_i$ と表すと，Matrix Factorization は次の正

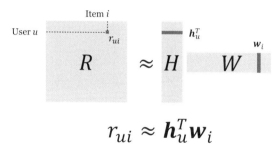

$$r_{ui} \approx \boldsymbol{h}_u^T \boldsymbol{w}_i$$

図 13.4　Matrix Factorization のイメージ

則化項付きの 2 乗誤差の目的関数を最小化する.

$$\sum_{(u,i)\in D} (r_{ui} - \boldsymbol{h}_u^T \boldsymbol{w}_i)^2 + \alpha\|H\|_F + \beta\|W\|_F$$

ここで，D は $\{r_{ui}|r_{ui} \neq 0\}$ となる u と i のすべての組合せ (u,i) の集合（つまり，すべての観測データの (u,i)），α, β は正則化パラメーター，$\|\cdot\|_F$ はフロベニウスノルム（行列内の全要素の 2 乗和の平方根）である. 図 13.4 にそのイメージを示す. この目的関数に含まれる r_{ui} は必ず 1〜5 の評点をもち，$r_{ui} = 0$ となる欠損データは含まれない. また，目的関数の第 1 項は観測データ r_{ui} と低次元行列から復元されるユーザー u の商品 i への評価 $\boldsymbol{h}_u^T \boldsymbol{w}_i$ の 2 乗誤差の和であり，評価の予測誤差として自然な関数となっている.

　以上から Matrix Factorization は協調フィルタリングの目的と疎行列 R の特性に合致した次元圧縮の手法とみることができる. この形式化を基礎として，ベクトル $\boldsymbol{h}_u$ と $\boldsymbol{w}_i$ の平均をユーザーと商品に関するバイアスとして明示的に目的関数内に導入した SVD++ などの Matrix Factorization の亜種が多く提案されている. なお，SVD++ は Matrix Factorization の亜種であり，SVD（特異値分解）とは異なる手法であることは注意が必要である.

13.3　分析事例：映画の推薦

　推薦システムの研究を目的として収集されているオープンデータセットであ

	Toy Story (1995)	GoldenEye (1995)	Four Rooms (1995)	Get Shorty (1995)	...
1	5	3	4	3	...
2	4	0	0	0	...
3	0	0	0	0	...
4	0	0	0	0	...
5	4	3	0	0	...
⋮	⋮	⋮	⋮	⋮	⋱

図 13.5　MovieLens100K データから作成した行列 R のイメージ

る **MovieLens データセット**の中から，MovieLens100K を用いた分析事例を
紹介する．MovieLens100K はユーザー 943 人と映画 1,682 作品を対象とした
評点データである．各ユーザーは少なくとも 20 作品以上に 5 段階の評点を付
与しており，その評点の合計は 100,000 件である．MovieLens100K データセ
ットから作成した行列 R は図 13.5 のようになる．各ユーザーが付与している
評点の数が多くなるように整理されたデータではあるが，それでも行列 R の
要素の 93.6% は 0（未評価）である．

　ここでは recommenderlab パッケージを用いる．そのパッケージ内の
Recommender 関数によりユーザーベース協調フィルタリングによる予測値
を求める．また，funkSVD 関数により $K = 10$ とした Matrix Factorization
の予測値を求める．recommenderlab パッケージのマニュアルによると
funkSVD 関数は SVD++ を実装していることがわかる (Koren et al., 2009).
それ以外の設定やパラメーターは各関数のデフォルトの値を使用した．Movie-
Lens100K データに含まれている映画 ID の No.1 は「トイ・ストーリー」で
あり，ここではこの映画への評点の予測を例示する．表 13.1 にはユーザー ID
が 1〜10 までの 10 ユーザーの実際の評点 r_{ui} と両手法による予測値 $\hat{r}_{ui}$ がそ
れぞれ示されている．表中の UBCD はユーザーベース協調フィルタリング
の結果を，MF は Matrix Factorization の結果を示している．ユーザー ID1,
2, 5, 6, 10 は「トイ・ストーリー」への評点を付与しているユーザーで，ユ
ーザー ID3, 4, 7, 8, 9 は付与していないユーザーである．前者のユーザー
の予測結果はホールドインサンプル，後者のユーザーの予測結果はホールド

表 13.1　10 ユーザーの「トイ・ストーリー」に対する評価の観測データと予測値

ユーザー ID	観測データ	UBCF	MF
1	5	4.3	3.4
2	4	4.3	3.7
3	–	2.9	3.0
4	–	4.5	5.2
5	4	–	3.0
6	4	3.4	3.2
7	–	2.1	4.0
8	–	4.2	4.3
9	–	4.7	4.1
10	4	4.0	4.0

表 13.2　ユーザー ID 1 への推薦結果

	UBCF	MF
Top 1	Das Boot (1981)	The Flintstones (1994)
Top 2	Matilda (1996)	Alien (1979)
Top 3	The Winter Guest (1997)	The Bridge on the River Kwai (1957)
Top 4	She's the One (1996)	The Empire Strikes Back (1980)
Top 5	The Double Life of Veronique (1991)	The Blues Brothers (1980)

表 13.3　予測精度の比較

	RMSE	MSE	MAE
UBCF	1.16	1.35	0.91
MF	1.02	1.04	0.81

アウトサンプルの予測結果であることに注意してほしい．この結果からは両手法ともある程度は結果を予測できていることが見てとれる．また，表 13.2 にユーザー ID 1 に対する推薦映画のトップ 5 を示す．表 13.3 に両手法の 3-fold クロスバリデーションによる RMSE（二乗平均平方根誤差），MSE（平均二乗誤差），MAE（平均絶対誤差）の値を示す．recommenderlab パッケージでは (Breese et al., 1998) が提案した評点評価プロトコルにより各誤差が計算されるため，ここでは Given5 での出力結果を表示する．この結果から，MovieLens100K データの映画評価予測のためには Matrix Factorization のほうがユーザーベース協調フィルタリングよりも推薦精度が高いことがわかる．

13.4　より進んだトピック

　本章の最後に，近年発展が著しい推薦システムの理解に必要ないくつかのトピックを紹介しよう．また，より詳しく学習したい場合は Charu (2016) や神嶌敏弘「推薦システム」（https://www.kamishima.net/archive/recsysdoc.pdf）などの書籍・資料を参考にすることをお勧めする．

■ explicit feedback & implicit feedback

　推薦システムの分野では利用するデータを **explicit feedback**（明示的なフィードバック）と **implicit feedback**（暗黙的なフィードバック）に分けて考える．explicit feedback とは本章で扱ったような商品への評価や 12 章（トピックモデル）で扱った商品レビューなどのように，ユーザーが明示的に商品に対する満足度や評価を与えているデータを指す．一方，implicit feedback とはその商品を買った/買わない，そのサイトを見た/見ていない，サイトをクリックした/クリックしていないなどの行動履歴のみが記録されたデータのことを指す．implicit feedback は商品を買ったという事実まではわかるが，その商品が気に入ったかどうかという満足度に関する情報はデータの中に含まれていないため，そのデータの特性に合わせた分析法が必要である．

■ ランキング学習

　推薦システムは 11 章で扱ったサポートベクターマシンのような二値分類の手法の利用は適切ではない．二値分類の手法はあるユーザーがその商品を好むか好まないかの情報のみを出力する．例えば，非常に高性能な二値分類の手法を用いて，10 万商品の中の 1,000 商品を対象ユーザーが好むことがわかったとしよう．しかしながら，1,000 商品を対象ユーザーの画面に一度に表示することは困難であるし，1,000 商品の探索はユーザーにとって大きな負荷となる．そのため，推薦システムでは各商品の好みの予測を連続値などで表し，その順位付けができることが望ましい．そうすることで予測値の上位の商品からその順序に従ってユーザーに提示することができる．この順序を明示的にモデル化した方法の総称が**ランキング学習**と呼ばれる．ランキング学習では商品の好みの順序を学習することを目指す．詳しく知りたい読者は「ランキング学

習」，「pointwise approach」，「pairwise approach」などのキーワードで調べることをお勧めする．

■ 多様性，新規性，セレンディピティ

推薦システムの性能を示す指標として**精度**（accuracy），**再現率**（recall），**NDCG**（normalized discounted cumulated gain）などが用いられることが多い．これらの指標は，将来観測されるが現在では未だ観測されていない商品の好みや購買を上手く当てられるかどうかという指標である．しかしながら，13.1.2 項で述べたように，「ハリー・ポッター」第 1 作を高評価したユーザーへわざわざ同じ作品の第 2 作を推薦する必要性は小さい．消費者の満足度がより向上する推薦とは，現在ではその商品を認知していないが推薦されることで初めてその商品を認知し，かつ，使用満足度が高い商品である．そのような推薦の性能を計るためには上記の精度や再現率では難しい．ありきたりな推薦ではなく幅広い多様な商品を推薦できる性能，その消費者にとって新しい商品を推薦できる性能，さらにはその消費者にとって予想外の発見となるようなセレンディピティを与える推薦が望まれる．

■ ディープラーニング

近年では，**ディープラーニング**（深層学習）の活用によって従来の手法の性能を大きく超えるとされる協調フィルタリングの手法が多数提案されている．しかしながら一方で，それらの手法のほとんどは提案された推薦アルゴリズムにとって極端に都合のよい状況や従来手法を過小評価した状況での性能評価しか行っておらず，実用上は従来の古典的なアルゴリズムと比べて大きな改善は得られていないという報告もある (Dacrema et al., 2019)．推薦システムに限った話ではないが，経済や経営などの実世界において有意義なデータ活用を行いたい場合には，やみくもに新しい技術に飛びつくだけではいけない．実際に解くべき問題に対してその手法の適用は優れた解の 1 つとなっているのかを見極める必要があるということの良い教訓となる事例である．

参考文献

第 1 章・第 2 章

[1] 竹村彰通 (2020)『現代数理統計学』新装改訂版，学術図書出版社．

第 3 章

正則化をはじめとした高次元統計手法に関する話題は，James et al. (2021) を参照するとよい．

[2] Hoerl, A. E. and R. W. Kennard (1970a) Ridge Regression: Biased Estimation for Nonorthogonal Problems. *Technometrics*, 12, 55-67.

[3] Hoerl, A. E. and R. W. Kennard (1970b) Ridge Regression: Applications to Nonorthogonal Problems. *Technometrics*, 12, 69-82.

[4] James, G., D. Witten, T. Hastie and R. Tibshirani (2021)*"An Introduction to Statistical Learning: with Applications in R "*(2nd ed.), Springer.

[5] Tibshirani, R. (1996) Regression Shrinkage and Selection Via the Lasso. *Journal of the Royal Statistical Society: Series B*, 58, 267-288.

第 4 章

Lasso をはじめとした高次元統計手法の理論に関する詳細は，例えば Hastie et al. のテキストを参照するとよい．

[6] Hastie, T., R. Tibshirani and M. Wainwright (2015) *"Statistical Learning with Sparsity:The Lasso and Generalizations"*. Chapman and Hall/CRC.

[7] Leeb, H. and B. M. Pötscher (2008) Sparse Estimators and the Oracle Property, or the Return of Hodges' Estimator. *Journal of Econometrics*, 142, 201-211.

[8] Zou, H (2006) The Adaptive Lasso and Its Oracle Properties. *Journal of the American Statistical Association*, 101, 1418-1429.

第 5 章

debiased Lasso は，Javanmard and Montanari (2014), van de Geer et al. (2014), Zhang and Zhang (2014) によってほぼ同時期に提案された．

[9] Benjamini, Y. and Y. Hochberg (1995) Controlling the False Discovery Rate: A Practical and Powerful Approach to Multiple Testing. *Journal of the Royal Statistical Society, Series B*, 57, 289-300.

[10] Bonferroni, C. E. (1935) Il calcolo delle assicurazioni su gruppi di teste. *Studi in Onore del Professore Salvatore Ortu Carboni*, 13-60.

[11] García-Arenzana, N. et al. (2014) Calorie intake, olive oil consumption and mammographic density among Spanish women. *International Journal of Cancer*, 134, 1916-1925.

[12] Javanmard, A. and A. Montanari (2014) Confidence Intervals and Hypothesis Testing for High-Dimensional Regression. *Journal of Machine Learning Research*, 15, 2869-2909.

[13] van de Geer, S., P. Bühlmann, Y. Ritov and R. Dezeure (2014) On Asymptotically Optimal Confidence Regions and Tests for High-Dimensional Models. *Annals of Statistics*, 42, 1166-1202.

[14] Zhang, C.-H. and S. S. Zhang (2014) Confidence Intervals for Low Dimensional Parameters in High Dimensional Linear Models. *Journal of the Royal Statistical Society: Series B*, 76, 217-242.

第6章・第7章

[15] 末石直也 (2015)『計量経済学』日本評論社.

[16] 高橋 一 (1989) コンピュータ時代の統計学. 一橋論叢, 101, 36-49.

[17] 田中勝人 (2011)『統計学』新世社.

[18] 野田一雄・宮岡悦良 (1992)『数理統計学の基礎』共立出版.

[19] ハーヴィル, D. A. 著, 伊理正夫 監訳 (2007)『統計のための行列代数 上』シュプリンガー・ジャパン.

[20] 蓑谷千凰彦 (2003)『統計分布ハンドブック』朝倉書店.

[21] 山本 拓 (1995)『計量経済学』新世社.

[22] Hall, P. (1988) On Symmetric Bootstrap Confidence Intervals. *Journal of the Royal Statistical Society, Series B*, 50, 35-45.

[23] Horowitz, J. L. (2019) Bootstrap Methods in Econometrics. *Annual Review of Economics*, 11, 193-224.

[24] White, H. (1980) A Heteroscedasticity-Consistent Covariance Matrix Estimator and a Direct Test for Heteroscedasticity. *Econometrica*, 48, 817-838.

第8章

[25] 金 明哲 (2007)『R によるデータサイエンス データ解析の基礎から最新手法まで』森北出版.

[26] 小西貞則 (2010)『多変量解析入門：線形から非線形へ』岩波書店.

[27] 照井伸彦・佐藤忠彦 (2013)『現代マーケティング・リサーチ：市場を読み解くデータ分析』有斐閣.

第 9 章・第 10 章

[28] Bishop, C. M. 著，元田 浩ほか 訳 (2007,2008)『パターン認識と機械学習（上・下）』シュプリンガー・ジャパン.

[29] Hastie,T., R. Tibshirani and J. Friedman 著，杉山 将ほか 訳 (2014)『統計的学習の基礎：データマイニング・推論・予測』共立出版.

[30] 伊庭幸人ほか (2005)『計算統計 II：マルコフ連鎖モンテカルロ法とその周辺 統計科学のフロンティア』岩波書店.

[31] 大関真之 (2018a)『ベイズ推定入門』オーム社.

[32] 大関真之 (2018b)『機械学習入門』オーム社.

[33] 照井伸彦 (2010)『R によるベイズ統計分析』朝倉書店.

[34] 照井伸彦 (2018)『ビッグデータ統計解析入門：経済学部/経営学部で学ばない統計学』日本評論社.

[35] Breiman, L. et al. (1984) "*Classification and Regression Trees*". Taylor & Francis.

第 11 章

[36] 植野真臣 (2013)『ベイジアンネットワーク』コロナ社.

[37] 黒木 学 (2017)『構造的因果モデルの基礎』共立出版.

[38] 田中和之 (2009)『ベイジアンネットワークの統計的推論の数理』コロナ社.

[39] 本村陽一・岩崎弘利 (2006)『ベイジアンネットワーク技術 ユーザ・顧客のモデル化と不確実性推論』東京電機大学出版局.

[40] Lichman, M. UCI Machine Learning Repository. [http://archive.ics.uci.edu/ml].

[41] Moro, S. et al. (2014) A Data-Driven Approach to Predict the Success of Bank Telemarketing. *Decision Support Systems*, 62, 22–31.

[42] Pearl, J. (2000) *"Causality: Models, Reasoning and Inference"*. Cambridge University Press.

第 12 章

[43] 岩田具治 (2015)『トピックモデル』講談社.

[44] 佐藤一誠 (2015)『トピックモデルによる統計的潜在意味解析』コロナ社.

[45] 工藤 拓 (2018)『形態素解析の理論と実装』近代科学社.

[46] Amazon Product Dataset. [https://jmcauley.ucsd.edu/data/amazon/]

[47] Eisenstein, J. et al. (2011) Sparse Additive Generative Models of Text.

Proceedings of ICML'11, 1041–1048.

[48] Roberts, M. E. et al. (2013) The Structural Topic Model and Applied Social Science. Proceedings of NIPS 2013 Workshop on Topic Models.

第13章

[49] 神嶌敏弘,「推薦システム」. [https://www.kamishima.net/archive/recsysdoc.pdf]

[50] Aggarwal, C. C. (2016) *"Recommender Systems: The Textbook"*. Springer.

[51] Breese, J. S. et al. (1998) Empirical Analysis of Predictive Algorithms for Collaborative Filtering. Proceedings of UAI, 43–52.

[52] Dacrema, M. F. et al. (2019) Are We Really Making Much Progress? A Worrying Analysis of Recent neural Recommendation Approaches. Proceedings of the 13th ACM Conference on Recommender Systems, 101–109.

[53] Koren, Y., R. Bell, and C. Volinsky (2009) Matrix Factorization Techniques for Recommender Systems. *IEEE Computer*, August, 42–49.

[54] Mordor Intelligence (2021) *Recommendation Engine Market –Growth, Trends, COVID-19 Impact, and Forecasts*. Mordor Intelligence Pvt Ltd.

[55] Piatetsky, G. (2007) Interview with Simon Funk. *ACM SIGKDD Explorations Newsletter*, 9, 38–40.

略　解

第6章

6.1　$y_i \sim i.i.d.G(2.5, 2.3) + 4.5$ で $n = 50$ だと，名目サイズ 5% に対して経験サイズは 8% 程度になる．一方，$G(100, 0.5) \cdot t(5) \cdot U[-5, 5]$ では $n = 50$ ならサイズの歪みはほとんど無い．これらより，大標本 t 検定に必要な標本数は母集団のパラメーター値や分布形に依存することが解る．

6.2　下方へ歪んでも，検定結果の「有意水準 5% で有意」といった解釈ができなくなるのは上方への歪みと同じ．下方に歪むと確かに第 1 の誤りは減るが検出力も下がる．検定では第 1 種の誤りを許容することで検出力を上げているので，分析者が指定した有意水準 5% での検出力を確保できないのが問題だ．

6.3　第 1 種の誤りは H_0 が正しい時に t が棄却域に落ちる確率なので，$P(t < -z_{0.05/2}$ or $t > z_{0.05/2} | H_0)$ である．「$|H_0$」は H_0 が正しい状態との意味だ．そして t の大標本での帰無分布は $N(0, 1)$ なので，$P(N(0, 1) < -z_{0.05/2}$ or $N(0, 1) > z_{0.05/2} | H_0) = 0.05$ と計算できる．これは n に依存しないので，$n \to \infty$ でも第 1 種の誤りは 5% のままであり，0% にはならない．モンテカルロ実験で $n = 1$ 万といった設定にしても，経験サイズは 5% のままになる．

6.4　$\underset{(1\times3)\ \text{ベクトル}}{x'_i} = \begin{bmatrix} x_{2i} & x_{3i} & x_{4i} \end{bmatrix}$ と書くと，

$$\frac{X'X}{n} = \begin{bmatrix} 1 & \frac{1}{n}\sum_{i=1}^{n} x'_i \\ \frac{1}{n}\sum_{i=1}^{n} x_i & \frac{1}{n}\sum_{i=1}^{n} x_i x'_i \end{bmatrix} \xrightarrow{p} \begin{bmatrix} 1 & E(x'_i) \\ E(x_i) & E(x'_i x_i) \end{bmatrix} = Q \quad (\because \text{大数の法則})$$

$E(x_i) = \mu$，$E(x_i x'_i) = M$ と書くと，2×2 ブロック分割逆行列の公式（詳細はハーヴィル (2007) 等を参照のこと）より以下を得る．

$$Q^{-1} = \begin{bmatrix} 1 & \mu' \\ \mu & M \end{bmatrix}^{-1} = \begin{bmatrix} (1 - \mu' M^{-1}\mu)^{-1} & -\mu'(M - \mu\mu')^{-1} \\ -(M - \mu\mu')^{-1}\mu & (M - \mu\mu')^{-1} \end{bmatrix} \tag{1}$$

今は $Var(\hat{\beta}_4)$ を導出したいので (1) 式の (2,2) ブロック行列に着目すると，

$$(M - \mu\mu')^{-1} = \begin{bmatrix} Var(x_{2i}) & Cov(x_{2i}, x_{3i}) & Cov(x_{2i}, x_{4i}) \\ Cov(x_{3i}, x_{2i}) & Var(x_{3i}) & Cov(x_{3i}, x_{4i}) \\ Cov(x_{4i}, x_{2i}) & Cov(x_{4i}, x_{3i}) & Var(x_{4i}) \end{bmatrix}^{-1}$$

$$= \begin{bmatrix} Var(x_{2i}) & 0 & 0 \\ 0 & Var(x_{3i}) & 0 \\ 0 & 0 & Var(x_{4i}) \end{bmatrix}^{-1}$$

（∵ 6.2.2 項で説明したように，x_{2i}・x_{3i}・x_{4i} は互いに独立に生成している）

この結果と上記の定理より $Var(\hat{\beta}_4) = \frac{Var(\varepsilon_i)}{n \times Var(x_{4i})}$ を得る.

モンテカルロ実験では，$n =$ 数百くらいでデータを生成して $\widehat{Var(\hat{\beta}_4)}$ の計算を R 回繰り返し，$\frac{1}{R}\sum_{r=1}^{R} \widehat{Var(\hat{\beta}_4)}^{(r)}$ と $\frac{Var(\varepsilon_i)}{n \times Var(x_{4i})}$ が十分近いか確認する.

6.5　$R = 1$ 万として，例えば (6.13) 式の床面積と (6.18) 式の x_2 に着目すると，実験結果は以下の表のようになる.

n	経験サイズ		名目サイズ
	(6.13) 式	(6.18) 式	
	床面積	x_2	
10	16.19	15.71	5
50	6.55	51.99	5
170	5.29	72.61	5

(6.18) 式では，n の増加で却ってサイズの歪みが悪化した．(6.13) 式と違って n と共に K が増えるので，n が K より十分大きくならない（n が増えると比率 n/K は却って減ってしまう）のが原因だ．大標本 t 検定が正しく機能するには，単に $n \to \infty$ ではなく，$n \gg K$ が必要なことを示している.

通常は K は固定された小さな値と仮定するので，$n \to \infty$ とすれば $n \gg K$ となる．これに対し，3 章で扱う高次元回帰では $n \gg K$ どころか逆に $K \gg n$ だ．3 章で言及されているように高次元回帰では推定に OLS が使えないが，検定についても n が十分大きいとしても通常の大標本 t 検定では上手く行かないことが示唆される．この点について詳しくは 5 章を参照のこと.

第 7 章

7.1　OLSE の漸近正規性 $\hat{\beta}_j \overset{a}{\sim} N(\beta_j, Var(\hat{\beta}_j))$ と正規分布の再生性より $\hat{\beta}_2 + 3\hat{\beta}_3 \overset{a}{\sim} N(\beta_2 + 3\beta_3, Var(\hat{\beta}_2 + 3\hat{\beta}_3))$ となるので，

$$t = \frac{\hat{\theta}}{\sqrt{\widehat{Var(\hat{\theta})}}} = \frac{\hat{\beta}_2 + 3\hat{\beta}_3}{\sqrt{\widehat{Var(\hat{\beta}_2 + 3\hat{\beta}_3)}}} \overset{H_0, a}{\sim} N(0, 1)$$

を得る．分散の推定については，$\widehat{Var(\hat{\beta}_2 + 3\hat{\beta}_3)} = \widehat{Var(\hat{\beta}_2)} + 6\widehat{Cov(\hat{\beta}_2, \hat{\beta}_3)} + 9\widehat{Var(\hat{\beta}_3)}$ として，$\widehat{Cov(\hat{\beta}_2, \hat{\beta}_3)}$ は (4×4) 行列 $\frac{\hat{\sigma}^2}{n}(X'X)^{-1}$ の $(2,3)$ 要素とすれば良い．ここで，X は (6.17) 式で定義される $(n \times 4)$ 行列.

これで，$n = 10$ では $t = -0.5152$，$n = 170$ では $t = 1.4172$ と計算できる．臨界値は $\pm z_{0.05/2} = \pm 1.9600$ であり，どちらも H_0 を採択する.

7.2　step.1　残差ブートストラップで 家賃$_i^*$ を計算する.

step.2　$\{$家賃$_i^*, X_i\}$ より $t^* = \dfrac{(\hat{\beta}_2^* + 3\hat{\beta}_3^*) - (\hat{\beta}_2 + 3\hat{\beta}_3)}{\sqrt{\widehat{Var(\hat{\beta}_2)}^* + 6\widehat{Cov(\hat{\beta}_2,\hat{\beta}_3)}^* + 9\widehat{Var(\hat{\beta}_3)}^*}}$ を計算する.

step.3　step.1〜2 を B 回繰り返し, t^* の絶対値の上側 $100 \times \alpha\%$ 点（昇順に並び変えた $|t^*|$ の $B \times (1-\alpha)$ 番目の値）を臨界値とする.

$B = 5$ 千, $\alpha = 0.05$ だと, 臨界値は $n = 10$ で 2.9665, $n = 170$ で 1.9963 となった. 上のように $n = 10$ で $|t| = 0.5152$, $n = 170$ で $|t| = 1.4172$ であり, 共に H_0 を採択する.

7.3　ブートストラップ再抽出に残差ブートストラップを使い, $B = 5$ 千, $\alpha = 0.05$ とすると, 95% 信頼区間は $n = 10$ では $[-0.2326, 0.1291]$, $n = 170$ では $[-0.0129, 0.0734]$ と求まる. どちらも 0 を含むので, H_0 を採択する.

7.4　(6.13) 式の DGP で築年数の回帰係数を -0.1 に変えて $H_0 : \theta = 0$ が正しい状態にすると以下のようになる.

$$家賃_i = 4.5 + 0.3 \times 床面積_i - 0.1 \times 築年数_i - 0 \times 駅徒歩_i + \varepsilon_i$$

他の設定は変えず, $R = 1$ 万・$B = 5$ 千とすると, 経験サイズは以下の表のようになる（信頼区間による経験サイズは, 信頼区間が 0 を含まなかった割合）.

n	経験サイズ			名目サイズ
	大標本法	ブートストラップ法		
	t 検定	t 検定	信頼区間	
10	15.90	4.62	18.03	5
50	6.44	5.19	6.80	5
170	5.23	4.91	5.37	5

大標本 t 検定は $n = 10$ ではかなりサイズが歪むが $n = 170$ ではほぼ歪まない. ブートストラップ t 検定は全ての n でほぼ歪みが無く, 小標本での精度が向上している. ブートストラップ信頼区間は大標本 t 検定とほぼ同じ性能だ. t はピボタルなのでブートストラップで精度が上がるが, $\hat{\theta} - \theta$ はピボタルでない（$\hat{\theta} - \theta$ の漸近分布の分散が母集団パラメーターに依存するので）ため, 結局は大標本法と同じ精度になってしまう[1]. ただし, ブートストラップ信頼区間は漸近分布の分散が推定困難でも使えるという長所を持つ.

---

[1]　7.2.1 項で「t^* の上側・下側 $100 \times (\alpha/2)\%$ 点より $|t^*|$ の上側 $100 \times \alpha\%$ 点の方が精度が高い」と説明したが, これは t がピボタルだからだ. $\hat{\theta} - \theta$ はピボタルでないので, $\hat{\theta}^* - \hat{\theta}$ の上側・下側 $100 \times (\alpha/2)\%$ 点でも $|\hat{\theta}^* - \hat{\theta}|$ の上側 $100 \times \alpha\%$ 点でも精度は大標本法と変わらない.

索　引

〈著者紹介〉

石垣　司（いしがき つかさ）

2007 年　総合研究大学院大学複合科学研究科統計科学専攻修了
現　　在　東北大学大学院経済学研究科 准教授，博士（学術）
専　　門　統計科学，データサイエンス

植松良公（うえまつ よしまさ）

2013 年　一橋大学大学院経済学研究科博士後期課程修了
現　　在　一橋大学ソーシャル・データサイエンス教育研究推進センター 准教授，博士（経済学）
専　　門　統計学，データ科学

千木良弘朗（ちぎら ひろあき）

2006 年　一橋大学大学院経済学研究科博士後期課程修了
現　　在　東北大学大学院経済学研究科 准教授，博士（経済学）
専　　門　計量経済学

照井伸彦（てるい のぶひこ）

1990 年　東北大学大学院経済学研究科博士後期課程修了
現　　在　東北大学名誉教授，東京理科大学経営学部ビジネスエコノミクス学科 教授，経済学博士
専　　門　計量経済学，統計学，マーケティング

松田安昌（まつだ やすまさ）

1999 年　東京工業大学大学院情報理工学研究科数理・計算科学専攻博士後期課程修了
現　　在　東北大学大学院経済学研究科 教授，博士（理学）
専　　門　統計学

李　　銀星（り ぎんせい）

2019 年　東北大学大学院経済学研究科博士後期課程修了
現　　在　東北大学データ駆動科学・AI 教育研究センター 特任講師，博士（経営学）
専　　門　経営学

探検データサイエンス

経済経営のデータサイエンス

Data Science for Economics and Management

2022 年 5 月 15 日　初版 1 刷発行

| 著　者 | 石垣　司 植松良公 千木良弘朗 照井伸彦 松田安昌 李　銀星 | ⓒ 2022 |

発行者　南條光章

発行所　**共立出版株式会社**

〒112-0006
東京都文京区小日向 4-6-19
電話番号　03-3947-2511（代表）
振替口座　00110-2-57035
www.kyoritsu-pub.co.jp

印　刷　大日本法令印刷

製　本　協栄製本

検印廃止

NDC 336.17, 331.19, 417

ISBN 978-4-320-12519-3

一般社団法人
自然科学書協会
会員

Printed in Japan

クロスセクショナル 統計シリーズ

照井伸彦・小谷元子・赤間陽二・花輪公雄［編］

文系から理系まで最新の統計分析を「クロスセクショナル」に紹介！

統計学の基礎から最先端の理論・適用例まで幅広くカバーしながら，その分野固有の事例について丁寧に解説する。【各巻：A5判・並製・税込価格】

（価格は変更される場合がございます）

共立出版

www.kyoritsu-pub.co.jp
https://www.facebook.com/kyoritsu.pub